科技惠农一号工程

现代农业关键创新技术丛书

鸡常见病诊疗

张秀美　主编

山东科学技术出版社

U0390942

主　编　张秀美

副主编　胡北侠　黄艳艳

编　者　秦卓明　刘玉山　李玉峰

　　　　刁有祥　许传田

▶▶▶ 目 录 ◀◀◀

一、禽流感

　　禽流感(AI)是由禽流感病毒(AIV)引起的禽类传染病。高致病性禽流感因其传播快、危害大,被世界动物卫生组织列为 A 类动物疫病。

　　AIV 属正黏病毒科、正黏病毒属。AIV 宿主范围广泛,家禽、水禽、野禽、迁徙鸟类和哺乳动物(人、猫、水貂、猪等)等均可感染。本病以直接接触传播为主,被患禽污染的环境、饲料和用具为重要的传染源。

　　高致病性禽流感病毒(HPAIV,如 H5N1 亚型)感染的鸡群突然发病,迅速死亡。病鸡高度精神沉郁,采食下降,呼吸困难。鸡冠和肉髯水肿、发绀,边缘出现紫黑色坏死斑点(图 1 -1)。腿部鳞片出血严重(图 1 -2)。蛋鸡产蛋率迅速下降,由 90% 下降到 20% 以下,软壳蛋、薄壳蛋、畸形蛋迅速增多。有些鸡群感染后不表现明显的症状即大批死亡,死亡率可高达 90% 以上。

图1-1　鸡冠肉髯发绀

图1-2　腿部鳞片出血

低致病性禽流感病毒(LPAIV,如H9N2亚型)感染的鸡群精神沉郁,羽毛蓬乱;采食量减少,饮水增多,不断从口角甩出黏液;鼻腔分泌物增多,流鼻液,鼻窦肿胀;眼结膜充血,流泪。

急性死亡鸡体况良好。气管充血、出血(图1-3)。口腔内有黏液,嗉囊内有大量酸臭的液体;腺胃乳头出血,腺胃与食道交界处有带状出血(图1-4、图1-5)。

图1-3 气管出血

图1-4 腺胃乳头水肿、出血

鸡常见病诊疗

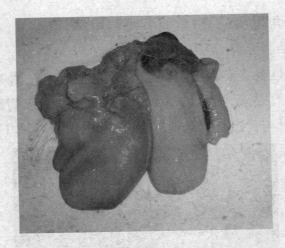

图1-5　腺胃与食道交界处有带状出血

肌胃角质层易剥离,角质层下有出血斑(图1-6);胰腺出血、坏死;十二指肠及小肠黏膜有片状或条状出血(图1-7);盲肠扁桃体肿胀、出血;泄殖腔严重出血;肝脏肿大、出血(图1-8)。

图1-6　肌胃角质下出血

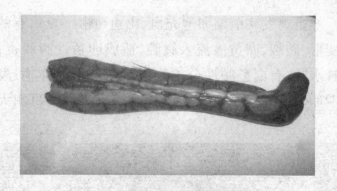

图1-7 十二指肠出血和胰腺坏死

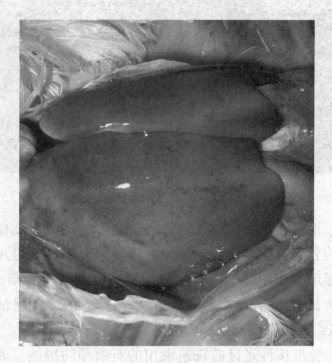

图1-8 肝脏肿大、出血

产蛋鸡发病前期卵泡充血、出血（图1-9），有的卵泡变形、破裂，卵黄液流入腹腔，造成卵黄性腹膜炎；输卵管水肿，有白色脓性分泌物或黄白色干酪样物；发病中期卵泡和输卵管萎缩。鸡睾丸出血肿大，两侧大小不一。

图1-9 卵泡充血、出血

根据临床症状和病理变化可做出初诊，确诊要做病毒的分离鉴定和血清学试验。病毒分离阳性者再用禽流感定型血清做HI试验，以确定病毒的血清亚型。血清学试验包括琼脂扩散试验（AGP）、血凝抑制试验（HI）、神经氨酸酶试验（NIT）。

免疫接种是目前普遍采用的有效预防措施。养禽场必须建立完善的生物安全措施，严防禽流感的传入。

一旦高致病性禽流感暴发,应严格采取扑杀措施。封锁疫区,严格消毒。低致病性禽流感可隔离、消毒与治疗相结合。一般用清热解毒、止咳平喘的中药(如大青叶、清瘟散、板蓝根等)、抗病毒药物(如病毒灵、金刚烷胺等)对症治疗。使用抗生素,防止细菌继发感染。

二、新城疫

新城疫(ND)是由新城疫病毒(NDV)引起的鸡和火鸡高度接触性传染病。NDV可分为不同基因型,但只有一个血清型。实验室常用血凝试验(HA)和血凝抑制试验(HI)来诊断 ND,监测 NDV 的抗体。

NDV 的宿主范围很广,鸡、火鸡、珍珠鸡及野鸡都有较高的易感性。近年来不断有鸭、鹅感染 NDV 的报道,暗示宿主范围可能在扩大。病鸡和隐性感染鸡是主要传染源,可通过呼吸道和直接接触传播。

1. 类型

(1)最急性新城疫多见于本病流行初期和雏鸡,个别雏鸡突然发病、死亡,不表现典型症状。

(2)典型新城疫的潜伏期一般为 3~5 天。病鸡体温高达 43~44℃,精神不振,卧地或呆立;食欲减退或废绝,渴欲增加,产蛋鸡产蛋下降或停止。随着病情的发展,病鸡呼吸困难,伸颈张口呼吸,咳嗽,有黏液性鼻漏,口角常流出大量黏液。粪便稀薄,呈黄白色或黄绿色。部分病鸡表现站立不稳、扭颈、转圈、腿翅麻痹等神经症状。

(3)亚急性及慢性新城疫大多数由急性转变而来,症状相对轻微,表现神经症状的较多,部分病鸡可康复,部分鸡则在 10 ~ 20 天后死亡。

(4)非典型新城疫多发生于有一定 NDV 抗体水平的免疫鸡群。病情比较缓和,发病率和死亡率都不高。临床表现以呼吸道症状为主,口流黏液,排黄绿色稀粪,继而出现歪头、扭脖或仰面观星状等神经症状(图 2 - 1);成鸡产蛋量突然下降 5% ~ 12%,畸形蛋增加(图 2 - 2)。临床表现为轻微的呼吸道症状,排黄绿色稀粪。

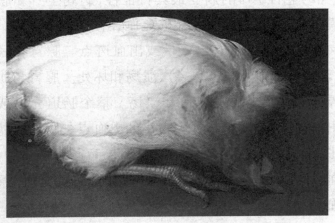

图 2 - 1 病鸡精神沉郁,表现扭头神经症状

鸡
常
见
病
诊
疗

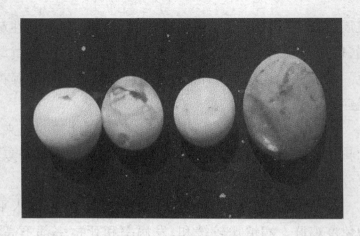

图2-2 病鸡产软壳蛋

2.病理变化

（1）一般最急性ND没有肉眼可见的病变。

（2）急性ND的病变最具特征性,病鸡全身黏膜和浆膜出血,气管黏膜有明显的充血、出血（图2-3）。食道和腺胃交界处常有出血带或出血斑点。腺胃黏膜水肿,乳头有出血点（图2-4）、溃疡和坏死。腺胃与肌胃交界处的黏膜上可见出血和溃疡。整个肠道充血或严重出血,肠道黏膜密布针尖大小的出血点。肠淋巴滤泡肿胀,常突出于黏膜表面（图2-5）。盲肠扁桃体肿大、出血、坏死（图2-6）。直肠和泄殖腔黏膜充血、条状出血。

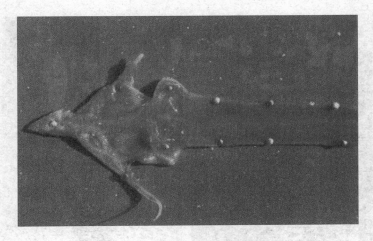

图 2-3　气管出血

图 2-4　腺胃乳头出血

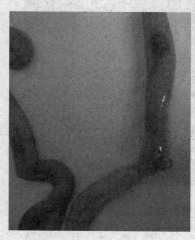 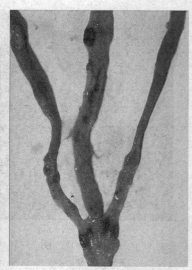

图2-5 肠淋巴滤泡肿胀、坏死　　图2-6 盲肠扁桃体出血、坏死

（3）慢性感染鸡卵巢出血、坏死，有的卵泡破裂，引起卵黄性腹膜炎。心冠脂肪有出血点，喉头和气管黏膜出血，脑膜充血或出血，脑实质没有变化，但呈非化脓性脑炎。

（4）慢性和非典型新城疫的病变轻微，可见小肠黏膜出血，盲肠扁桃体肿大、出血，直肠黏膜条纹状出血，气管有不同程度环状出血等。

根据临床症状、流行特点和剖检变化可做出初诊。通过血清学实验检测抗体的均匀度和比较发病前后间隔10~14天血清的新城疫抗体效价，以及病毒的分离鉴定和RT-PCR方法，可确诊。

加强隔离消毒和做好鸡群的免疫接种。一旦发生ND 疫情,对病死鸡深埋,环境消毒,防止疫情扩散。同时对周围鸡群进行紧急疫苗接种。雏鸡可用Ⅳ系克隆30 疫苗,4 倍量饮水;中雏以上鸡肌注 Ⅰ系疫苗或Ⅳ系克隆30 疫苗,4 倍量饮水。

三、传染性法氏囊病

鸡传染性法氏囊病（IBD）是由传染性法氏囊病毒（IBDV）引起的一种急性、接触性、免疫抑制性传染病。IBDV 主要侵害鸡的体液免疫中枢器官——法氏囊，导致鸡体免疫机能障碍，降低疫苗的免疫效果。

IBDV 属于双股 RNA 病毒科、双股 RNA 病毒属。本病毒有 I 型和 II 型，无交叉免疫。血清 I 型又分 6 个亚型，交叉保护率为 10% ~70%，这种抗原性的差异是导致免疫失败的原因之一。II 型病毒无致病性。

本病主要侵害 2~10 周龄的幼龄鸡群。近年来，发病日龄和范围明显扩大，产蛋鸡和 10 日龄内雏鸡也时有发病，鸭、鹅也能感染传染性法氏囊病毒而发病。病鸡是主要的传染源，IBD 可通过直接接触 IBDV 污染物，经消化道传播。发病鸡场常出现新城疫、马立克病等疫苗接种的免疫失败，发病率和死亡率急剧上升。

病鸡精神不振，翅膀下垂，羽毛蓬乱（图 3-1），怕冷,在热源处扎堆,采食下降。病鸡排白色的水样粪便,肛门周围有粪便污染。病初可见到啄肛。急性发病的鸡群,3～4天达到死亡高峰,呈峰式死亡。发病1周后病死鸡数明显减少,迅速康复。发病后期易继发鸡新城疫、大肠杆菌病,使死亡率增高。

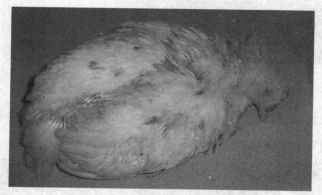

图3-1 病鸡精神沉郁,羽毛蓬松

病死鸡脱水,胸肌和腿肌有条状或斑状出血(图3-2、图3-3)。肌胃与腺胃交界处有溃疡和出血斑(图3-4),肠黏膜出血。肾肿大、出血(图3-5)。输尿管扩胀,充满白色尿酸盐。感染初期法氏囊充血、肿大,比正常大2～3倍,外被黄色透明的胶冻物(图3-6),内褶肿胀、出血,内有炎性分泌物。急性发病鸡的法氏囊明显水肿、出血,呈紫色(图3-7)。发病后期法氏囊萎缩或囊壁变薄呈袋状。

鸡常见病诊疗

图 3-2 腿部肌肉出血

根据本病的流行病学、病理变化,结合临床症状可做出初诊,确诊应进行病原分离和血清学实验。

图 3-3 胸肌出血

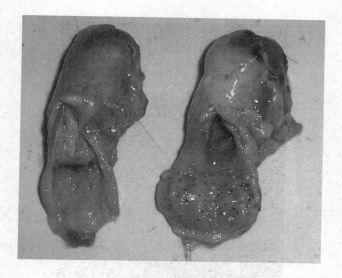

图 3-4　肌胃与腺胃交界处出血

图 3-5　肾脏肿大、出血

鸡常见病诊疗

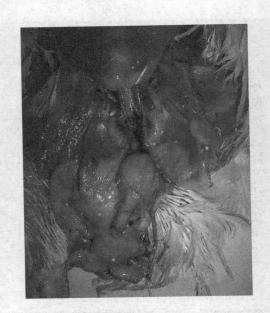

图 3 - 6　法氏囊肿大

图 3 - 7　法氏囊肿大、出血

实行全进全出的饲养制度,建立严格的卫生消毒措施。根据本病的流行情况、饲养管理状况、疫苗毒株的特点和鸡群母源抗体水平等制订免疫接种程序。

　　发病鸡群应检测鸡新城疫抗体,必要时紧急接种,以防继发鸡新城疫。在发病早期注射卵黄抗体,中后期不宜注射。保守疗法:提高鸡舍温度 2～3℃;避免各种应激反应;使用抗生素,防止继发感染;饲料的蛋白质水平降低到 15%～16%;供给充足的饮水,并加入电解多维和肾康。

四、马立克病

鸡马立克病（MD）是由马立克病病毒（MDV）引起的一种淋巴组织增生性疾病，特征是病鸡的外周神经、性腺、虹膜、脏器、肌肉和皮肤呈单独或多发的单核细胞浸润。MD 是一种淋巴瘤性质的肿瘤疾病，具有很强的传染性。MDV 属于细胞结合性疱疹病毒 B 群。

鸡对本病最易感，特别是 2 周龄内的雏鸡，1 日龄雏鸡的易感性最高。雏鸡感染本病后几个月才表现症状而死亡，故发病年龄为 2～5 月龄。雏鸡感染常形成马立克病变，较大的鸡感染后虽然带毒排毒，但发生肿瘤病变的较少。成年鸡感染后一般不表现临床症状。本病主要通过直接接触或空气传播。传染源为病鸡和带毒鸡，存在于羽髓中的 MDV 传染性最强。MD 的发病率和病死率差异很大，为10%～60%。

（1）神经型 MD：主要侵害外周神经（坐骨神经），呈一腿伸向前方，另一腿伸向后方的特征性"劈叉"姿态（图4-1）。当臂神经受侵害时，引起翅膀下垂；当侵害支配颈部肌肉的神经时，病鸡头下垂或头颈歪斜；当迷走神经受侵时，则可引起失声、嗉囊扩张以及呼吸困难；腹神经受侵时，常有腹泻。

图4-1　神经型 MD

（2）眼型 MD：出现于单眼或双眼，视力减退或消失。虹膜失去正常色素，呈同心环状或斑点状，以至弥漫的灰白色。瞳孔边缘不整齐，严重时瞳孔变为针头大小（图4-2）。

图4-2　眼型MD

（3）皮肤型MD：往往在宰后拔毛时发现羽毛囊增大，形成淡白色小结节或瘤状物。此种病变常见于颈部和躯干背面生长粗大羽毛的部位（图4-3、图4-4）。

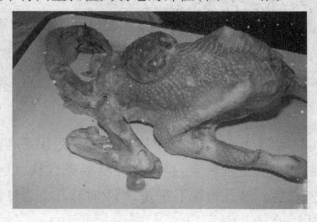

图4-3　皮肤型MD

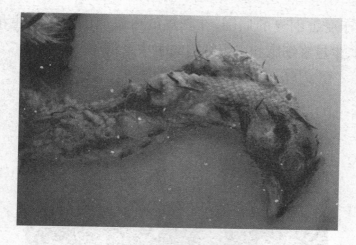

图 4 - 4　皮肤型 MD

（4）内脏型 MD：多急性暴发，常见于幼龄鸡群。开始以大批鸡精神委顿为主要特征，几天后部分病鸡出现共济失调，随后单侧或双侧肢体麻痹。部分病鸡死前无特征临床症状，很多病鸡表现脱水、消瘦和昏迷。

神经型、内脏型、眼型和皮肤型马立克病在临床上多同时发生。

病鸡最常见的病变在外周神经。受害神经增粗，呈黄白色或灰白色，横纹消失，有时水肿。病变往往只侵害单侧神经，诊断时多与另一侧神经比较（图 4 - 5）。内脏器官中以卵巢受害最为常见（图 4 - 6），其次为肾、脾、肝、心、肺、胰、肠系膜、腺胃、肠道和肌肉等，长出大小不等的肿瘤块，质地坚硬而致密（图 4 - 7 ~ 图 4 - 14）。皮肤病变多是炎症性的，但也有肿瘤性的，病变位于受害羽囊的周围,在真皮的血管周围常有增生细胞、少量浆细胞和组织细胞的团块聚集。

图4-5　坐骨神经肿大

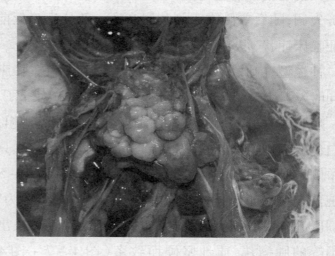

图4-6　卵巢肿瘤

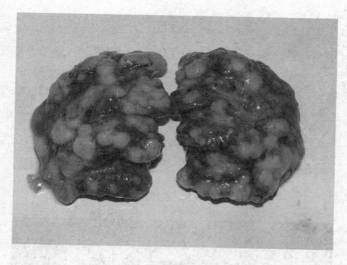

图4-7　肺脏肿瘤

图4-8　脾脏肿瘤

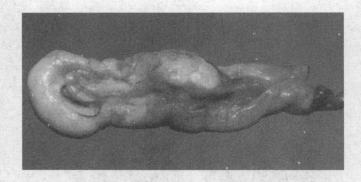

图4-9 胰腺肿瘤

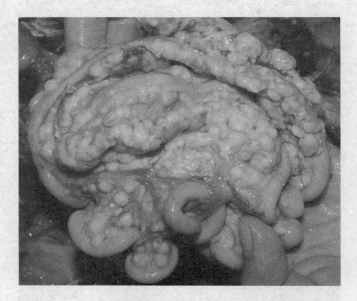

图4-10 肠道肿瘤

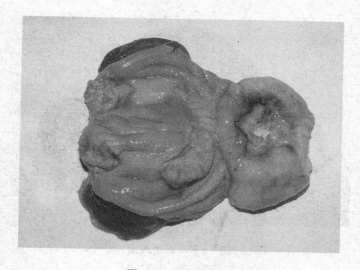

图 4 – 11 腺胃肿瘤

图 4 – 12 肾脏肿瘤

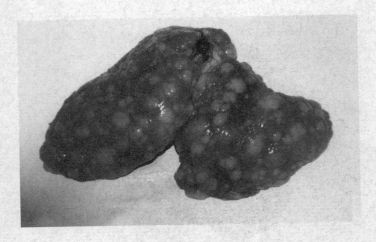

图 4 – 13　肝脏肿瘤

图 4 – 14　肌肉肿瘤

根据流行特点和临床症状可做出初步诊断,确诊须进行病毒分离和血清学试验。

　　执行全进全出的饲养制度,避免不同日龄鸡混养;实行网上饲养和笼养,减少鸡只与羽毛粪便接触;严格卫生消毒制度;加强检疫,及时淘汰病鸡和阳性鸡。疫苗接种是预防本病的关键。在进行疫苗接种的同时,鸡群要封闭饲养,尤其是育雏期间应搞好封闭隔离,可减少发病率。疫苗接种应在鸡1日龄时进行,有条件的鸡场在18日胚龄时进行鸡胚接种。

五、传染性支气管炎

鸡传染性支气管炎（IB）是一种急性、接触性传染病。根据病变类型可分为呼吸道型、肾型、肠型和肌肉型等，以呼吸道型发病最多。

病原是冠状病毒科、冠状病毒属的传染性支气管炎病毒（IBV，图5-1）。IBV可在9~11日龄鸡胚内、器

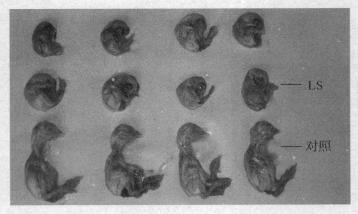

图5-1 IBV感染后鸡胚发育迟缓、蜷缩

官培养的鸡胚气管上皮以及鸡胚成纤维上皮细胞中生长,病毒感染鸡胚后引起鸡胚发育迟缓、蜷缩(图5-2)。

图5-2 畸形蛋

本病仅感染鸡,其他家禽不感染。2~6周龄的鸡最易感染肾型IB,成鸡很少感染肾型IB。该病一年四季均可发生,以冬春季节较严重。病鸡是主要的传染源。病毒包含在分泌物和排泄物中排出体外,并能在鸡群中迅速传播。

肉鸡和育成鸡感染IBV后,主要表现为呼吸困难,有啰音或喘鸣音;感染肾型IBV时,病鸡排白色稀粪,脱水严重,死亡率高达30%。种鸡和产蛋鸡感染IBV后,产蛋率下降,产软皮蛋、砂壳蛋或畸形蛋,蛋清稀薄如水

（图5-3）。

图5-3　蛋清稀薄

　　呼吸型 IB 主要病理变化为气管环黏膜充血,表面有浆液性或干酪样分泌物,有时气管下段有黄白色痰状栓子堵塞。肾型 IB 的病理变化主要集中在肾脏,双肾肿大、苍白,肾小管聚集尿酸盐而呈槟榔样花斑（图5-4）;两侧输尿管因沉积尿酸盐而明显扩张增粗。产蛋鸡可能发生卵黄

图5-4　花斑肾

性腹膜炎,输卵管变细,输卵管中 1/3 段影响较严重,卵巢变形(图 5 - 5)。

根据肾脏病变可对肾型 IB 做出初步诊断。确诊须采用鸡胚或气管环组织培养进行病毒的分

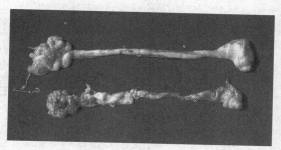

图 5 - 5　输卵管萎缩

离鉴定,也可采用分子生物学的诊断方法(如 RT - PCR、核酸探针等)。

加强饲养管理,定期消毒,严格防疫,免疫接种。常用弱毒活疫苗及灭活疫苗。该病无特异的治疗药物。对于已发病的鸡场要及时隔离,病死鸡进行无害化处理,加强饲养管理和卫生消毒,减少应激因素,增加多种维生素和微量元素等。进行疫苗的紧急接种,可减少 IB 病鸡的死亡率。对肾型 IB,可给予乌洛托品、复合无机盐,含有柠檬酸盐或碳酸氢盐的复方药物。

六、传染性喉气管炎

鸡传染性喉气管炎（ILT）是由喉气管炎病毒（IL-TV）引起的一种急性、高度接触性呼吸道传染病。病鸡主要表现呼吸困难、喘气、咳嗽及咳出带血黏液，喉头气管黏膜肿胀、糜烂和出血，蛋鸡产蛋率下降且有较高的死亡率。

ILTV 属于疱疹病毒科、α 型疱疹病毒亚科，仅一个血清型。ILTV 通过鸡胚绒毛尿囊膜接种，可使鸡胚在接

图 6-1 鸡胚痘斑

种后 2~12 天死亡，绒毛尿囊膜增生和坏死，形成灰白色的豆斑样病灶（图 6-1）。

不同年龄和品种的鸡都易感染,尤以 4～10 月龄育成鸡和成年产蛋鸡多发。传播途径主要是经呼吸道,病鸡和带毒鸡是主要传染源。一年四季均可发生,但冬春季节最易发病。自然感染潜伏期 6～12 天。严重流行时,发病率达 90%～100%,平均死亡率 10%～20%,耐过鸡具有长期的免疫力。本病同群鸡传播速度快,群间传播速度较慢。ILTV 主要通过接触感染方式,经呼吸道和眼睛侵入鸡体。

1. 类型

(1)最急性型:发病突然,传播迅速,发病率高,死亡率超过 50%。特征性临床症状包括呼吸困难,伸颈呼吸(图 6-2),常因试图咳出气管中的阻塞物而发出"咯咯"声或咳嗽声。在鸡舍墙壁、地面可发现咳出的血迹。病鸡排黄绿色粪便(图 6-3)。

图 6-2　病鸡张口呼吸

图 6 - 3　病鸡排绿色稀粪

（2）亚急性型：发病较慢,呼吸道症状出现数天后病鸡才死亡。发病率高,但病死率较急性型低。

（3）慢性型：鸡群感染率仅有 1% ~ 2%,但大部分的感染鸡最终会因窒息而死。这种类型的 ILT 一次暴发可延续数月,病鸡可无规律陆续死亡。临床症状包括因咳嗽和口鼻分泌物阻塞而引起的痉挛,产蛋率下降和体质虚弱。

2. 病理变化

（1）最急性型：特征性病变主要集中在上呼吸道、喉头,气管黏膜严重出血,内有血凝块（图 6 - 4）;肺严重出血（图 6 - 5）;卵黄高度充血（图 6 - 6）。

（2）亚急性型：病变较轻,气管中有黏液性渗出物,在喉和气管上部黏膜上附着黄色干酪白喉样假膜（图

6 -7)。

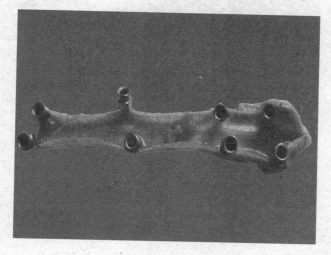

图 6 - 4　气管严重出血，内有血凝块

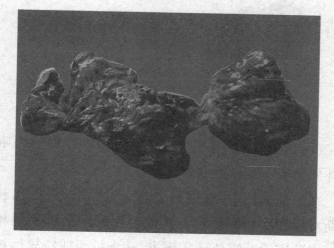

图 6 - 5　肺严重出血

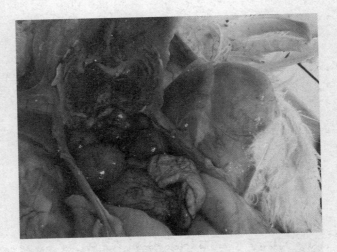

图6-6　卵黄高度充血

图6-7　喉头、气管黏膜上黄色干酪样假膜

（3）慢性型：病鸡的气管、喉头和口腔内有白喉样的坏死斑或干酪样阻塞物。

在急性病例中，根据病史、临床症状即可做出初步诊断。温和型病例很难与其他轻度的呼吸道疾病相区别。实验室诊断需要证实病毒、病毒抗原或特异性抗体的存在。

从未发生本病的鸡场不宜接种疫苗，主要依靠平时搞好鸡场的卫生消毒工作。在 ILT 流行地区可进行疫苗接种。目前尚无药物能有效治疗该病，用氢化可的松和抗生素制成喷剂，对出现症状的病鸡进行口腔喷雾，可缓解症状。鸡舍每天需彻底消毒并使用抗菌药物，以防细菌继发感染。

七、禽白血病

禽白血病是由禽 C 型反录病毒引起的,禽类多种肿瘤性疾病的统称,主要是淋巴细胞性白血病,其次是成红细胞性白血病、成髓细胞性白血病。此外,还可引起骨髓细胞瘤、结缔组织瘤、上皮肿瘤、内皮肿瘤等。目前该病在世界各国均有发生。

在自然情况下只有鸡能感染本病,不同品种或品系鸡对病毒感染和肿瘤发生的抵抗力差异很大。母鸡的易感性比公鸡高,18 周龄以上的鸡多发,常呈慢性经过,死亡率为 5% ~ 6%。传染源是病鸡和带毒鸡。有病毒血症的母鸡,整个生殖系统都有病毒,产出的鸡蛋常带毒,孵出的雏鸡也带毒,成为重要传染源。在自然条件下,本病主要是垂直传播,也可水平传播。感染了白血病病毒的鸡,不管是否有症状出现,都能通过粪便或唾液排出大量病毒。

1. 淋巴细胞性白血病

这是最常见的一种病型,一般在 14 周龄以后开始发病,在性成熟期发病率最高。病鸡精神委顿,进行性消瘦和贫血,鸡冠、肉髯苍白、皱缩(图 7 – 1),偶见发绀。病鸡食欲减少或废绝,腹泻,产蛋停止。病鸡腹部常明显膨大,用手按压可摸到肿大的肝脏,最后衰竭死亡。

图 7 – 1　鸡冠苍白,下颌肿瘤

剖检,可见肿瘤主要发生于肝、脾、肾、法氏囊,也可侵害心肌、性腺、骨髓、肠系膜和肺(图 7 – 2 ~ 图 7 – 4)。肿瘤呈结节或弥漫性,灰白色到淡黄白色,大小不一,切面均匀一致,很少有坏死灶。

鸡
常
见
病
诊
疗

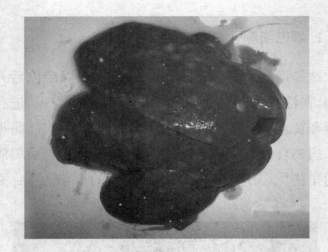

图7-2　肝脏肿瘤

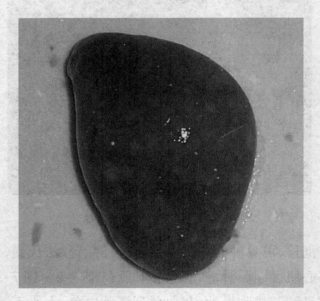

图7-3　脾脏肿瘤

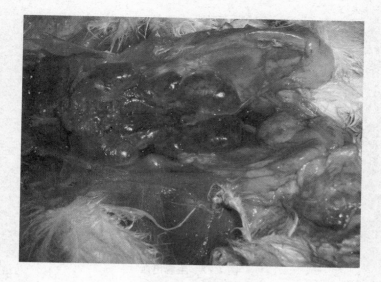

图7-4　肾脏肿瘤

2.红细胞性白血病

此型临床比较少见,通常发生于6周龄以上的高产鸡。临床上分为增生型和贫血型,增生型较常见。

3.髓细胞性白血病

此型临床少见,表现为嗜睡,贫血,消瘦,毛囊出血(图7-5)。病程比成红细胞性白血病长。剖检时见骨髓坚实,红灰色至灰色。内脏有时也有灰色弥漫性肿瘤结节。

图7-5　毛囊出血

4.J-亚型白血病

感染的种鸡均匀度不整齐，鸡冠苍白，羽毛异常。种公鸡的受精率降低，种母鸡的产蛋率下降，死亡率明显增高。

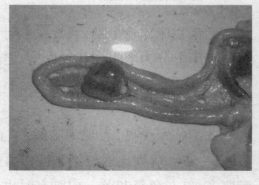

图7-6　胰腺肿瘤

剖检，可见肝脏、脾、肾和其他器官均有肿瘤（图7-6~图7-9）。在肋骨与肋软骨结合处，胸骨内侧、骨盆、下颌骨、颅骨、腿部等处有肿瘤形成（图 7 – 10、图 7 – 11）。

图 7 – 7　肠肿瘤

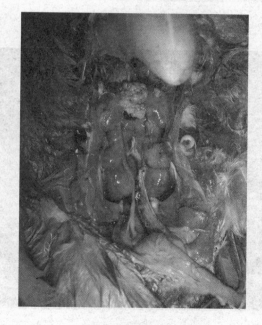

图 7 – 8　肾脏肿瘤

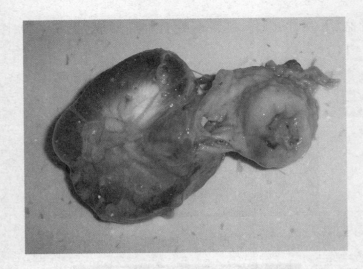

图7-9 腺胃肿瘤

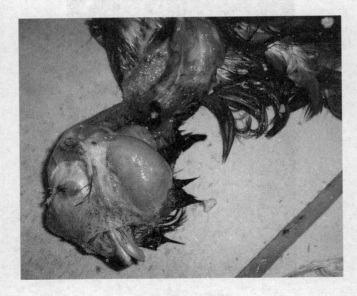

图7-10 下颌肿瘤

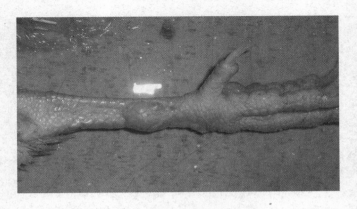

图 7 - 11   腿部肿瘤

鸡白血病病毒感染非常普遍,单纯的病原和抗体的检测没有实际的诊断价值。实际诊断中常根据血液学检查和病理学特征,结合病原和抗体的检查来确诊。病原分离和抗体检测是建立无白血病鸡群的重要手段。

本病主要为垂直传播,尚无行之有效的治疗措施。减少种鸡群的感染率和建立无白血病的种鸡群,是控制本病的最有效措施。

八、禽脑脊髓炎

　　禽脑脊髓炎(AE),又称流行性震颤,是由病毒引起,主要侵害幼禽中枢神经系统的急性、高度接触性传染病。典型症状是共济失调、站立不稳和头颈震颤,病理变化为非化脓性脑脊髓炎。成年鸡感染后出现一过性产蛋下降,孵化率降低,并通过种蛋垂直传播,危害极大。

　　禽脑脊髓炎病毒(AEV)为 RNA 病毒,属于微 RNA病毒科、肠道病毒属,有一个血清型,但不同毒株的致病性和组织嗜性有差异。嗜肠型 AEV 以自然野毒为代表,易通过口服途径感染,并在粪便中传播。病毒可垂直传播或雏鸡出壳后早期水平传播,雏鸡易发病,一般表现为神经症状。脑内接种 SPF 雏鸡,也能产生神经症状。高度嗜神经型 AEV 以标准株 Van Roekel(简称 VR株)为代表,病毒经脑内接种或经非肠胃途径(如皮下、肌肉注射)引起严重的神经症状,口服一般不感染。

自然感染见于鸡、雉、火鸡、鹌鹑等多种禽类。各日龄禽均可感染,3 周龄以内的雏禽多发,一般雏禽感染才有明显的临床症状。本病可水平传播和垂直传播。病鸡从粪便中排毒,持续 5 ~ 12 天,AIV 在粪便中可存活 4 周以上。污染的垫料和设备等都是病毒来源。垂直传播是本病的主要传播方式。产蛋母鸡感染 AEV 后,常通过血液循环将病毒排入蛋内,近 20 天所产的种蛋均带毒。出壳的雏鸡会出现典型 AE 临床症状,因此,此期种蛋应禁用。一般 2 周龄以内的鸡发病,多与垂直传播有关;2 周龄以上鸡感染,多与水平传播有关。本病流行无明显的季节性差异,发病率、死亡率与家禽的易感性、病毒毒力和鸡群日龄有关。雏鸡发病率一般为 40% ~60% ,死亡率 10% ~25% 。

　　雏鸡最初表现两眼呆滞,精神沉郁,行动迟缓,站立不稳。随后病雏开始出现共济失调,头颈震颤,不愿活动,常以跗关节和胫部着地行走(图 8 - 1)。

　　当病鸡完全麻痹后,常因无法饮食及相互踩踏而死亡。病愈鸡常发育不良,易继发新城疫、大肠杆菌等。成年鸡感染该病毒时,不出现雏鸡的症状,只有产蛋减少及羽毛松乱等表现。

　　本病无特征性剖检病变,个别病雏可见到脑部的轻度充血(图 8 - 2),少数病鸡的肌胃肌层出现散在灰白区,严重病死雏常见肝脏脂肪变性、脾脏肿大。

鸡
常
见
病
诊
疗

图8-1 病鸡站立不稳

图8-2 脑膜充血

根据本病的流行规律和特点,结合临床症状和特征性病变即可做出诊断。确诊应进行病原分离和血清学检测。

　　本病应采取预防为主的综合性防治措施。不从疫区或疫场引进种雏或种蛋,杜绝外来的病源进入。慎用弱毒苗免疫接种,以免向外界散毒。由于该病可垂直传播,故要了解引进鸡群父母代的情况。做好防疫工作,防止雏鸡发病。AE 尚无有效药物,病鸡应立即淘汰。

九、病毒性关节炎

　　禽病毒性关节炎（AVA）是由呼肠孤病毒引起的家禽传染性疾病。本病主要危害肉种鸡,通常发生关节炎、腱鞘炎及腓肠肌腱断裂等,生长停滞、淘汰率增高,造成严重的经济损失。

　　禽呼肠孤病毒（REOV）属于呼肠孤病毒科、呼肠孤病毒属。REOV 仅对鸡和火鸡致病,肉鸡比蛋鸡易感。该病与鸡的日龄有着密切关系,日龄愈小易感性愈高,1日龄雏鸡最易感,10 周龄明显降低。REOV 可水平传播和垂直传播,水平传播为主要方式。由于病毒在鸡体内可持续存在 289 天,因此,带毒鸡是传染的主要来源。传播的速度与饲养方式和毒株有关,在平面饲养的肉鸡群中水平传播迅速,在笼养的蛋鸡群中传播速度慢。本病感染率可高达 100%,但病死率一般不超过 6%。若与葡萄球菌、大肠杆菌等混合感染,则死亡率高。

　　发病初期通常仅有轻微的呼吸道症状。急性发病鸡群(多见于败血型),病初活力减退,不愿走动,全身发绀和脱水。随后出现跛行,跗关节及其上方的腱鞘有不同程度的肿胀(图9-1、图9-2)。随着病情的发展,病鸡蹲坐在地,几乎不能行动(图9-3)。发病10天后开始有病鸡死亡,大多数病鸡转为慢性。慢性发病鸡群主要表现为腱鞘炎,跛行更加明显。在发生关节炎的同时,常见有部分鸡表现发育不良综合征。蛋鸡发生本病时,关节疾病并不显著,但产蛋率会下降10%～15%。种公鸡受精率下降。此外,该病毒还可引起吸收不良综合征、心包炎、心包积水、肠炎、肝炎、免疫抑制病和呼吸道疾病等。

图9-1 病鸡行走困难

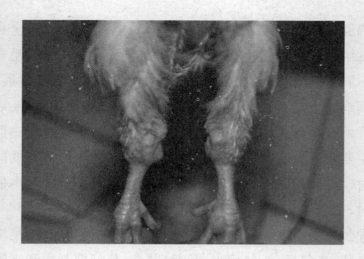

图 9 - 2　跗关节、趾关节肿胀

图 9 - 3　病鸡不能站立, 卧地不起

主要病变在胫跖关节（跗关节）、趾关节、趾屈肌腱及跖伸肌腱。急性病例，表现为关节囊及腱鞘水肿（图9-4）、充血或点状出血，关节腔内含有少量较透明淡黄色或带血色的渗出物（图9-5）。少数病例有脓性分泌物存在。慢性病例关节腔内的渗出物较少，表现为关节硬固变形，关节软骨糜烂，滑膜出血。严重病例可见肌腱断裂、出血和坏死等（图9-6）。此外，还可见心外膜炎，雏鸡可见肝和心有小坏死灶。一些患吸收不良综合征的鸡可见腺胃肿大，腺胃乳头水肿（图9-7、图9-8），胸腺和法氏囊萎缩（图9-9）。

图9-4　跗关节肿胀

图 9-5　关节肿大,内有胶冻样分泌物

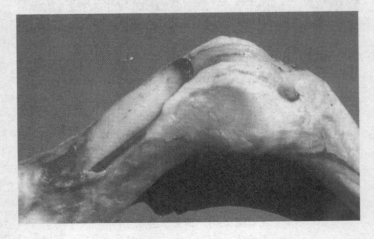

图 9-6　跗关节肿胀,肌腱断裂、出血

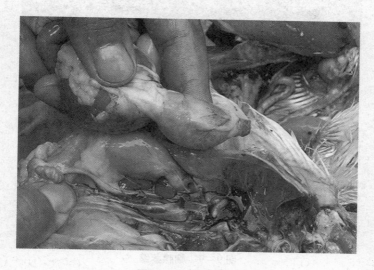

图 9-7 腺胃肿大

图 9-8 腺胃乳头水肿

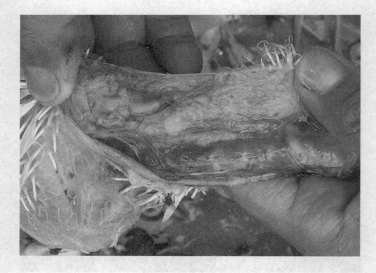

图9-9　胸腺萎缩

　　根据临床症状可做出初步诊断,确诊须进行病毒分离和血清学检测。

　　对商品鸡采取全进全出的饲养方式,每批鸡出售后要彻底消毒鸡舍,严禁从有本病的鸡场引入鸡苗和种蛋。对患病的种鸡要坚决淘汰,防止疫病经种蛋垂直传播。预防接种是目前防治鸡病毒性关节炎的最有效方法。开产前母鸡最好选用灭活苗进行免疫,通过母源抗体的被动免疫来保护雏鸡。

十、鸡传染性贫血病

鸡传染性贫血病（CIA）是由鸡贫血病毒（CAV）引起的再生障碍性贫血和全身淋巴组织萎缩性免疫缺陷病。CIA 可通过垂直与水平感染引起临床与亚临床症状，对 MDV、网状内皮病毒、腺病毒、IBDV、NDV 等的易感性增强，甚至导致疫苗免疫失败，造成巨大的经济损失。

CAV 属于环状病毒科、环状病毒属。CAV 能在鸡胚中增殖，特别是 5 日龄鸡胚，接种后 14 天毒价最高，但鸡胚无明显病变。CAV 感染鸡体的靶器官是淋巴器官和造血器官，包括胸腺、脾脏、骨髓、法氏囊和全身淋巴结等。

CAV 只感染鸡，感染率为 20% ~ 60%，各年龄鸡都可感染，肉鸡比蛋鸡易感，公鸡比母鸡易感。1 ~ 7 日龄雏鸡最易感，而有完全免疫力的 2 ~ 3 周龄雏鸡易感性迅速降低，6 周龄以上多为亚临床感染。一旦鸡群中感染了 CAV,则很难净化。垂直传播是 CIA 的主要传播方式。本病还可通过水平传播,一般只产生抗体反应,不表现临床症状而呈亚临床病型。但是,鸡体的细胞免疫抑制状态可持续很长时间,加重症状,也可能引发机会性病原感染。该病死亡率在5% ~ 10%。

自然感染的病例以贫血及皮肤局灶性淤血为主要特征。病鸡精神沉郁、食欲减退,发育受阻,冠和髯苍白,羽毛蓬乱(图 10 - 1)。感染鸡常见皮肤或皮下点状出血,翼部、头部、臀部、腹部有灶状淤血和出血。病变部皮肤变蓝和破溃,流出血样渗出物,易继发细菌感染,导致坏疽性皮炎(图 10 - 2)。成年鸡感染本病无明显的临床症状,产蛋率或受精率也不受影响,但是会带毒并传给下一代。

图 10 - 1　鸡冠髯苍白

图 10 - 2　翅膀发生坏疽性皮炎

特征性病变为胸腺、骨髓萎缩,肌肉与内脏器官贫血、苍白。胸腺体积缩小,呈深红褐色(图 10 - 3)。随着年龄的增加,胸腺萎缩比骨髓的病变更易观察到。法氏囊体积缩小,显著萎缩。股骨的骨髓萎缩、脂肪化,呈淡黄红色或粉红色(图 10 - 4)。除此以外,全身各处肌肉及内脏器官贫血、苍白,如肝脏肿大、褪色(图 10 - 5),脾脏萎缩,心脏扩张,心肌柔软,腺胃黏膜皮下及肌肉出血(图 10 - 6、图 10 - 7)。病理组织学变化主要表现为再生障碍性贫血和全身淋巴组织的萎缩。骨髓的萎缩和发育不全涉及所有的骨髓和造血细胞系,骨髓密度明显变小,各造血细胞多被脂肪细胞和增生的基质细胞所取代。

鸡
常
见
病
诊
疗

图 10 - 3　胸腺萎缩

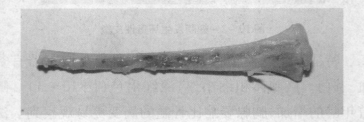

图 10 - 4　骨髓苍白

图 10 - 5　肝脏发黄

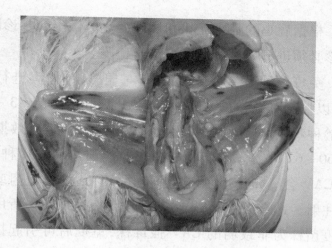

图 10－6　肌肉出血

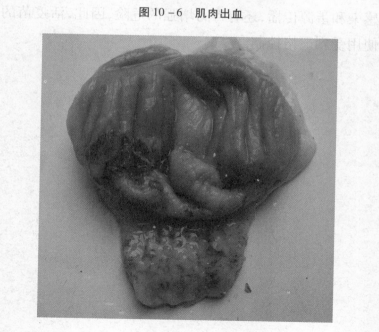

图 10－7　腺胃出血

根据病鸡的临床症状和病理变化可做出初步诊断，确诊必须进行病毒分离及血清学检测。

免疫接种是主要预防措施，一般只对种鸡进行免疫，以控制 CAV 的垂直传播。CAV 鸡胚活疫苗，13～15 周龄种鸡饮水，防止病毒经蛋垂直传染，免疫有效期可达 60～65 周龄。该疫苗不可在开产前 4 周内接种，否则 CAV 会经卵传播。CAV 细胞活疫苗，种鸡肌肉或皮下注射。迄今为止，尚未分离到非致病性 CAV，所用的活疫苗株为非致弱的 CAV 强毒株，免疫后可引起持续感染和蛋源传播，还有毒力增强的危险，因此，活疫苗的使用受到严格控制。

十禽痘

禽痘(FP)是由禽痘病毒(FPV)引起的一种缓慢扩散、接触性传染病。临床症状是在无毛或少毛的皮肤上有痘疹,口腔、咽喉部黏膜的纤维素性坏死性假膜增生或形成白色结节。

禽痘病毒为痘病毒科、禽痘病毒属,呈砖形,有囊膜(图11-1)。禽痘病毒大量存在于病禽的皮肤和黏膜病灶中。病毒对外界自然因素抵抗力相当强。

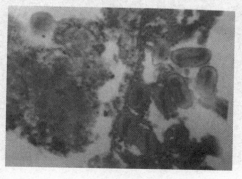

图11-1　鸡痘病毒

本病主要发生于鸡和火鸡,鸽有时也发生,鸭、鹅的易感性低。各年龄、性别和品种鸡都能感染,雏鸡和中雏易发病,雏鸡死亡多。本病一年四季中都能发生。一般秋季和冬初皮肤型禽痘多发,冬季以黏膜型(白喉型)禽痘为主。病鸡脱落和破散的痘痂,是散布病毒的主要形式。蚊虫叮咬是夏秋季节流行禽痘的主要传播途径。

(1)皮肤型:在鸡体无毛或毛稀少的部分,特别是在鸡冠、肉髯、眼睑和喙角处产生灰白色小结节,渐次成为带红色的小丘疹,很快增大成绿豆大痘疹,呈黄色或灰黄色。有时与邻近的痘疹互相融合,形成干燥、粗糙、棕褐色大疣状结节,突出于皮肤表面(图 11 – 2 ~图 11 –6)。痂皮可以存留 3 ~4 周之久,脱落后留下灰白色疤痕。

图 11 –2　鸡冠痘疹

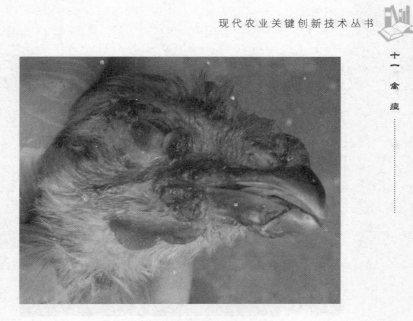

图 11 - 3　脸部痘疹

图 11 - 4　身体无毛处痘疹

鸡
常
见
病
诊
疗

图 11 - 5 　眼睑肿胀

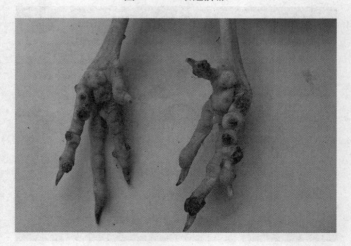

图 11 - 6 　爪部痘疹

（2）黏膜型（白喉型）：在口腔、咽喉和眼等处黏膜表面出现痘斑。初为鼻炎症状，2～3 天后在黏膜上生成一种黄白色的小结节，稍突出于黏膜表面。以后小结节逐渐增大并互相融合，形成一层黄白色干酪样假膜，覆盖在黏膜上面。假膜逐渐扩大和增厚，阻塞在口腔和咽喉部位，严重时导致呼吸和吞咽障碍。

（3）混合型：具有皮肤型和黏膜型的共同症状，病情严重、死亡率高。自然感染康复鸡有坚强免疫力，可产生终生免疫。

皮肤型禽痘的特征性病变是局灶性表皮和下层毛囊上皮增生，形成结节。黏膜型禽痘病变出现在口腔、鼻、咽、喉、眼或气管黏膜上。黏膜表面稍微隆起白色结节，迅速增大，常融合成黄色、奶酪样坏死的假白喉或白喉样膜，将其剥去可见出血糜烂（图 11 - 7、图 11 - 8）。炎症蔓延可引起眶下窦肿胀和食管发炎。

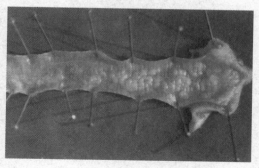

图 11 - 7　气管黏膜痘斑

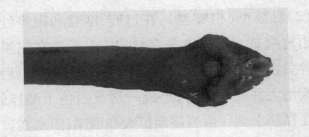

图 11 - 8　喉头黄色假膜

　　根据临床症状可做出初步诊断。病料通过绒毛尿囊膜接种鸡胚后,5～7 天后在绒毛尿囊膜上出现痘斑,即可确诊。

　　蛋鸡和种鸡可于 3 周龄和 15 周龄各接种一次弱毒禽痘疫苗。同时要加强兽医卫生,消灭蚊虫,减少创伤感染。发生禽痘时主要采用对症疗法,以减轻病鸡的症状和防止并发症。大群鸡用广谱抗生素拌料或饮水 5～7天。

十二、鸡包涵体肝炎

　　鸡包涵体肝炎(IBH)是由禽腺病毒(FAV)感染所引起的急性高度致死性传染病。该病以病鸡突然死亡,严重贫血,黄疸,肝脏肿大、出血和坏死灶为主要特征。

　　病原为腺病毒科,属于禽腺病毒Ⅰ群。本病毒对热稳定,能抵抗乙醚、氯仿及pH3,室温条件下存活时间长。

　　蛋鸡发病较少,6～26日龄肉鸡多发病,发病率为25%～100%,死亡率可达30%～40%。本病可垂直传播和水平传播,以春、秋两季多发。

　　生长鸡群发病迅速,常突然出现死鸡。病鸡发热、精神委顿、食欲减少、下痢、嗜睡、羽毛蓬乱、屈腿蹲立。4～10周龄的青年鸡,如果在双脚麻痹,临死前会出现角弓反张等神经症状(图12－1)。

图 12-1　病死雏鸡角弓反张

特征性病变是肝肿大，呈黄色脂变，有大小不等的出血斑；皮肤苍白或黄染，有出血点（图 12-2）。特别

图 12-2　肝肿大，有出血斑

是腿部和胸部，内部出血常见于骨骼肌和浆膜下组织。肾常肿大、苍白，皮质可见出血。骨髓苍白发黄，血液稀薄水样。法氏囊和脾脏变小，心包积水。发病早期在实

质细胞可见核内包涵体。

幼鸡群病死率突然增加且发病率并不很高时,应怀疑本病。如从显微镜中发现肝典型病变和核内包涵体,接种鸡胚可以引起肝脏典型肿胀和坏死(图 12 - 3),即可确诊;或用 PCR 扩增特异目片段的方法来诊断。本病须与鸡传染性贫血和中毒物质引起的再生障碍性贫血相鉴别。

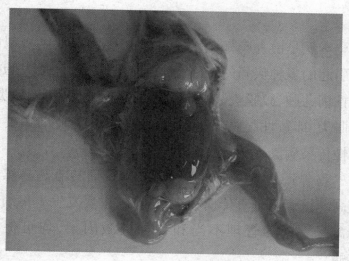

图 12 - 3　肝脏肿胀和坏死

迄今本病尚无有效的疫苗,也无特效治疗药物,加强饲养管理可减少病死率。发病后,主要是采取隔离措施,加强鸡舍外界消毒和带鸡消毒,饮水或者饲料中可以添加一些保肝护肾的中药。

十三、禽大肠杆菌病

本病是由大肠杆菌埃希菌属某些致病性血清型菌株引起的多种疾病的总称。本病表现多样,包括大肠杆菌性肉芽肿、腹膜炎、输卵管炎、脐炎、滑膜炎、气囊炎、全眼炎、卵黄性腹膜炎等,是目前危害养禽业的主要细菌性传染病。

鸡、鸭、火鸡等对本病易感,3～6周龄雏鸡易感性较高。该病可垂直传播和水平传播,主要发生于集约化养禽场。饲养管理不当和各种应激因素,均可促发本病。

(1)脐炎:感染大肠杆菌的种蛋孵化,有的鸡胚在孵化后期出壳之前已死亡,孵化出的雏鸡往往表现为脐炎。病雏虚弱,打堆,水样腹泻,腹部膨大,脐孔及其周围皮肤发红、水肿,脐孔闭合不全呈蓝黑色,有刺激性恶臭味,死亡率达10%以上。病理变化可见卵黄吸收不全,卵囊出血、充血,囊内卵黄液黏稠或稀薄,多呈黄绿色。肠道呈卡他性炎症。

（2）败血症：3～7周龄肉鸡多发，死亡率为1%～10%，出现继发或并发感染时死亡率较高。3周龄以下雏鸡多为急性经过，病鸡离群呆立或挤堆，羽毛无光泽，排黄白色稀粪，肛门污秽（图13－1），病程1～3天。4周龄以上病鸡的病程较长。病鸡食欲下降，鼻分泌物增多，呼吸时发出"咕咕"声或张口呼吸，结膜发炎，鸡冠暗紫。

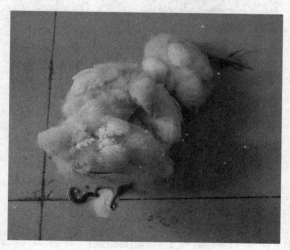

图13－1　病鸡排白色稀粪

（3）气囊炎：病菌经消化道进入气囊，引起急性气囊炎。一般有明显的呼吸音，咳嗽和呼吸困难并发出异常音。地方流行性，病死率5%～30%，严重的可达50%。病理变化为胸、腹等气囊壁增厚，不透明、灰黄色。囊腔内有纤维性或干酪样渗出物。

(4)大肠杆菌性肉芽肿:是常见病型,病禽外表无可见的症状,内脏器官上产生典型的肉芽肿。

(5)心包炎:大肠杆菌发生败血症时常有心包炎。心包炎常伴发心肌炎,心包膜肥厚、混浊,心外膜水肿,心包囊内充满淡黄色纤维素性渗出物,严重的心包膜与心肌粘连(图13-2)。

图13-2 心包炎

(6)卵黄性腹膜炎:呈慢性经过,常伴发卵巢炎、子宫炎。母鸡减产或停产,腹部下垂,不愿走动,消瘦死亡(图13-3)。

(7)肝周炎:肝脏肿大,附着一层黄白色的纤维蛋白,变性,质地变硬,表面有许多大小不一的坏死点。严重者肝脏渗出的纤维蛋白与胸壁、心脏和胃肠道粘连,或导致肉鸡腹水症(图 13-4)。

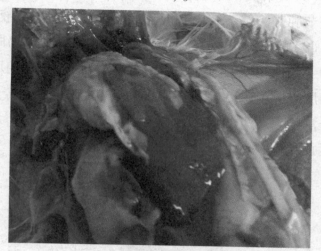

图 13-3　肝周炎

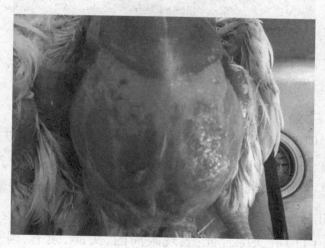

图 13-4　病鸡腹水

（8）关节炎及滑膜炎：病鸡跛行或卧地不起，腱鞘或关节肿胀。关节腔内有混浊或纤维素性的关节液。

（9）全眼球炎：鸡舍内空气污浊时多发，病鸡眼炎多为一侧性，病初减食或废食，羞明、流泪、红眼，随后眼睑肿胀突起（图13-5）。眼前房有黏液性脓性或干酪样分泌物。严重的病鸡角膜穿孔、失明，经7~10天衰竭死亡。

图13-5　大肠杆菌眼炎

（10）脑炎：表现昏睡、斜颈，歪头转圈，共济失调，抽搐，伸脖，张口呼吸，采食减少，拉稀，生长受阻，产蛋率显著下降。主要病变是脑膜充血、出血，脑脊髓液增加。

（11）肿头综合征：表现眼周围、头部、颌下、肉垂及颈部上2/3水肿。病鸡喷嚏并发出"咯咯"声。剖检可见头部、眼部、下颌及颈部皮下黄色胶冻样渗出物。

本病病型多，没有特征性的临床症状和病理变化，容易与其他疾病相混淆。根据流行特点、临床症状及病理变化仅能做出初步诊断，确诊须进行细菌的分离鉴定。

重点搞好孵化卫生，防止通过种蛋垂直传播本病。疫苗接种预防效果较好。使用本地区发病鸡群的多个菌株或本场分离菌株制成的疫苗，效果较好。在治疗该病时，最好先分离大肠杆菌，进行药敏试验，再确定治疗用药。

十四、鸡慢性呼吸道病

鸡慢性呼吸道病(CRD)是由鸡毒支原体感染引起的一种慢性接触性呼吸道传染病。特征是病程长,病理变化发展慢,临床表现为呼吸啰音、咳嗽、流鼻液及气囊炎等,是目前养鸡业中的一种常见病。

鸡毒支原体只有一个血清型,但各分离株之间的致病性和抗原性存在差异。

各年龄的鸡和火鸡都能感染本病。鸡以 4～8 周龄最易感,火鸡以 5～16 周龄易感,成年鸡常为隐性感染。CRD 可水平传播和垂直传播。本病一年四季都可发生,但在寒冷

图 14-1　病鸡眼肿胀,流泪

季节多发。

　　人工感染本病的潜伏期为 4 ~ 21 天,自然感染可能更长。病鸡食欲降低,流稀薄或黏稠鼻液,咳嗽,打喷嚏,流泪,眼睑肿胀(图 14 - 1),呼吸困难和气管啰音。随着病情的发展,病鸡可出现一侧或双侧眼睛失明。母鸡常产出软壳蛋,产蛋率和孵化率下降。火鸡的症状与鸡相似。

　　病死鸡消瘦,病变主要表现为鼻道、副鼻道、气管、支气管和气囊的卡他性炎症,鼻黏膜充血、水肿、增厚,鼻旁窦内有黏液性、脓性、干酪样渗出物,气囊壁增厚、混浊(图 14 - 2),有干酪样渗出物(图 14 - 3)或增生的结节状病灶。严重病例可见纤维素性肝周炎和心包炎(图 14 - 4)。患角膜、结膜炎的鸡眼睑水肿,可造成一侧或两侧眼球破坏。

图 14 - 2　气囊增厚

鸡
常
见
病
诊
疗

图 14 - 3　干酪样渗出物

图 14 - 4　肝周炎

根据本病的流行特点、临床表现和病理变化可做出初步诊断。确诊须进行病原分离培养和血清学检测。

　　引进种鸡、种苗和种蛋都必须选择确实无本病的鸡场并检验。要加强饲养管理,保证日粮营养均衡;鸡群饲养密度适当,防止过度拥挤;保持鸡舍卫生清洁,通风良好,空气清新;保持鸡舍适度干燥,防止阴冷潮湿;定期驱除寄生虫。2～4月龄雏鸡,定期采用平板凝集反应检测,淘汰阳性反应鸡,以有效去除污染源;或在留种蛋前全部进行血清学检查一次,必须是无阳性反应者才能用做种鸡。

　　疫苗有弱毒活疫苗和灭活疫苗两种。弱毒活疫苗,目前国际上和国内使用的活疫苗是 F 株疫苗。灭活疫苗基本都是油佐剂灭活疫苗,效果较好。链霉素、土霉素、四环素、红霉素、泰乐菌素、壮观霉素、林可霉素、氟哌酸、环丙沙星、恩诺沙星,对本病都有一定疗效。

十五、鸡沙门菌病

沙门菌是一类肠道杆菌,包括2 000多个血清型,一部分可以导致人和动物的感染,造成局部和系统性疾病,统称为沙门菌感染或沙门菌病。鸡沙门菌感染可分为宿主特异型和宿主非特异型。宿主特异型由鸡伤寒沙门菌和鸡白痢沙门菌引起,分别称作鸡白痢和鸡伤寒。鸡伤寒主要由具有广泛宿主的鼠伤寒沙门菌、肠炎沙门菌等引起,通过食物链传播,造成人的肠炎、食物中毒,甚至暴发流行。

1. 鸡白痢

鸡白痢(PD)是由鸡白痢沙门菌引起的常见传染病,雏鸡表现为急性败血病,发病率、死亡率都很高。成年鸡多呈慢性或隐性感染。

本病是典型的经蛋传播疾病,垂直传播最为常见。通过啄癖、污染的饲料及饮水、交配等,也可传播本病。

病鸡和带菌鸡是主要传染源。

（1）一般雏鸡潜伏期为 4～5 天，雏鸡在 5～6 日龄时开始发病，2～3 周龄是发病和死亡的高峰。病鸡突出的表现是排出灰白色稀便，肛门被干燥粪便糊住。病雏排便困难，可见努责，常听到痛苦的尖叫声。病雏消瘦，脐孔愈合不良，周围皮肤易发生溃烂。腹部膨大，触诊时可发现腹腔中有未吸收的卵黄。有时可见病鸡膝关节发炎肿大，跛行或伏地不动。病雏鸡生长发育受阻，长成后有较高的带菌率。

（2）育成鸡的白痢多发生于 40～80 日龄，地面平养的鸡群较网上和育雏笼育成的鸡多发病。鸡突然发病，精神、食欲差，有下痢，常突然死亡，死亡没有高峰期。病程可拖延 20～30 天，死亡率可达 10%～20%。

（3）一般成年鸡不表现明显症状，呈慢性传播。通常可观察到不同程度的产蛋率、受精率和孵化率下降。有的鸡表现鸡冠萎缩，时有下痢。

病死鸡脱水，脚趾干枯。肝肿大，呈土黄色，肝实质可见大小不等的

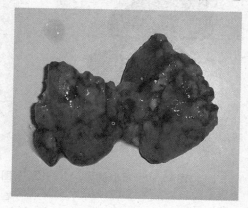

图 15－1　肺脏有黄白色结节

灰色坏死点,有时有条纹状出血。胆囊扩张,充满暗紫色的胆汁。如为败血症死亡时,其他内脏器官也充血。卵黄吸收不良,呈黄绿色,内容物稀薄。严重者卵黄囊破裂,卵黄散落在腹腔中,形成卵黄性腹膜炎。数日龄幼雏可能有出血性肺炎变化,病程稍长者可见肺脏有黄白色坏死灶或灰白色结节(图15-1);心包增厚,心脏上可见坏死或结节,略突出于表面;肝肿大脆弱(图15-2);肠道呈卡他性炎症,盲肠膨大,内有白色干酪样物质(图15-3)。日龄较大的病雏,可见到肝脏有灰黄色结节或灰色肝变区,心肌上的结节增大而使心脏变形。肾脏肿大、淤血,输尿管中有尿酸盐沉积。

图15-2 肝脏肿大

图15-3 盲肠膨大,内有黄白色干酪样栓子

育成病死鸡突出的变化是肝脏肿大,较正常的肝脏大数倍。打开腹腔,整个腹腔被肝脏覆盖。肝脏质地极脆,一触即破(图 15 - 4)。被膜下可看到散在或较密集的出血点、坏死点。有的见到血块覆盖在肝脏被膜下,有的则见整个腹腔充盈血水,脾脏肿大,心包增厚,心包膜呈黄色不透明。心肌可见黄色坏死灶,严重的心脏变形、变圆。整个心脏几乎被坏死组织代替。肠道呈卡他性炎症。

图 15 - 4　肝脏肿大,有坏死灶

　　成年鸡常为慢性带菌,主要病变在卵巢,卵巢皱缩不整,有的卵巢尚未发育或略有发育,输卵管细小。卵泡变形变色,呈三角形、梨形、不规则形等,黄绿色、灰色、黄灰色、灰黑色等(图 15 - 5)。由于卵巢和输卵管功能失调,可造成输卵管阻塞或卵泡落入腹腔,形成包囊。卵泡破裂形成卵黄性腹膜炎,与腹腔脏器粘连。亚急性感染鸡消瘦,心脏肿大变形,见有灰白色结节;肝肿大,呈黄绿色(图15-6),表面附着纤维素性渗出物;脾易碎,内部有病死灶;肾肿大,呈实质变性。

图15-5　成年鸡卵泡变形,呈黄绿色、灰色等异常颜色

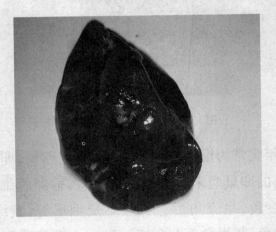

图15-6　成年鸡肝脏肿大,呈黄绿色

成年公鸡病变通常局限于睾丸和输精管，睾丸极度萎缩，白膜增厚和输精管完全闭塞，睾丸实质小点坏死。有时胸骨区和足部皮下脓肿，甲状腺肿大。

根据流行特点、症状及剖检病变可做出初步诊断，确诊须进行病菌的分离培养鉴定。

检疫净化鸡群：鸡白痢沙门菌主要通过种蛋传播，因此，通过血清学试验检出阳性反应种鸡，淘汰。首次检查在 60～70 日龄，第二次检查可在 16 周龄，青年鸡在 5 月龄移入产蛋鸡舍时和收种蛋前再次进行白痢检疫，阳性鸡全部淘汰。

严格消毒：孵化场要对种蛋、孵化器和其他用具严格消毒。种蛋最好在产蛋后 2 小时熏蒸消毒，防止蛋壳表面的细菌侵入蛋内。雏鸡出壳后再进行一次低浓度的甲醛熏蒸。对育雏舍、育成舍和蛋鸡舍做好地面、用具、饲槽、笼具、饮水器等的清洁消毒，定期进行带鸡消毒。做好灭鼠、灭蝇工作，防止野鸟和其他动物进入鸡舍，人员进出要严格消毒。

加强雏鸡的饲养管理：采取高温育雏，延长脱温的时间，以促进卵黄的吸收和脐孔的愈合。

治疗：呋喃类、磺胺类及其他抗生素治疗急性病例，可以减少雏鸡的死亡，但痊愈后仍然可能带菌。使用时要注意交替用药，以免形成耐药性。

2. 鸡伤寒

鸡伤寒病是由禽伤寒沙门菌引起的,主要发生于鸡消化道的传染病。本病主要感染鸡,也可感染火鸡、鸭、鹌鹑等。4 月龄以下的鸡较成年鸡易感性更高。该病的流行特点、临床症状、病理变化以及防治措施与鸡白痢基本相同。

3. 禽副伤寒

本病是由多种病原型沙门菌引起,以鼠伤寒沙门菌最常见,其次为德尔俾沙门菌、海德堡沙门菌、纽波特沙门菌和鸭沙门菌,可引起各种动物和人感染。因此,除给养禽业造成直接经济损失外,在公共卫生方面也具有特别意义。为了防止本病传染给人,病畜禽应严格执行无害化处理。加强屠宰检验,特别是急宰病畜禽的检验和处理。肉类一定要充分煮熟,家庭和食堂保存的食物注意防止鼠类窃食,以免排泄物污染。

十六、鸡传染性鼻炎

鸡传染性鼻炎是由鸡副嗜血杆菌引起的急性或亚急性上呼吸道传染病。该病可使育成鸡生长受阻,肉鸡的肉质变劣、淘汰率增加,公鸡的睾丸萎缩、精质变坏、受精率降低,给养鸡业造成了很大的经济损失。

在自然条件下,该病可感染鸡、火鸡、雉、珠鸡等,鸭、鹅、鸽等不感染。各年龄鸡均可发病,育成鸡和产蛋鸡群多发,雏鸡很少发病。该病一年四季均可发生,但以秋冬、初春时节多发。气温突然变化,鸡舍通风不良,卫生条件差,鸡群过分拥挤,饲料中维生素缺乏,严重的寄生虫和支原体感染,都是该病的主要诱因。该病主要由病鸡的呼吸道和消化道排泄物传播,不经蛋传播。病鸡和隐性带菌鸡是主要传染源。

病初仅见病鸡鼻孔中有稀薄如水样鼻液,打喷嚏。鼻腔流出浆液性或黏液状分泌物,逐渐变浓稠并有臭味,黏液干燥后于鼻孔周围凝结成淡黄色结痂(图16-1)。

图 16 - 1　病鸡面部肿胀,鼻孔周围形成黄色结痂

　　病鸡常摇头,打喷嚏,呼吸困难。病鸡面部发炎,一侧或两侧眼周围组织肿胀,严重者失明。严重者气管及支气管和肺部有炎症,引起呼吸困难和啰音。病鸡体重逐渐下降,母鸡产蛋率下降 10% ~ 40%,公鸡肉髯肿大。该病的发病率较高,而死亡率往往较低。感染鸡的日龄和品种不同,临床表现也不同。

　　主要病变是鸡的鼻腔、窦、喉和气管黏膜发生急性卡他性炎症,充血肿胀,潮红,表面覆有大量黏液,窦内积有渗出物凝块或干酪样坏死物(图 16 - 2),严重时也可能发生支气管肺炎和气囊炎。面部和肉髯的皮下组织水肿,眼、鼻有恶臭的分泌物结成硬痂,眼睑有时粘合在一起。产蛋鸡输卵管内有黄色干酪样分泌物,卵泡松软、血肿、坏死或萎缩,腹膜炎(图 16 - 3)。公鸡睾丸萎缩。

图16-2　病鸡鼻腔、窦内有黏液

图16-3　产蛋鸡卵泡出血、坏死

根据临床症状、病理变化以及流行特点可做出初步诊断,确诊须进行实验室检验。

(1)饲养管理:鸡舍要注意防寒防湿,通风良好。鸡群不能过分拥挤,搞好鸡舍内外清洁卫生,保持用具干净。注意饲料的营养全价,多喂一些富含维生素 A 的饲料。实行"全进全出"的饲养方式,避免不同日龄的鸡群混养,不要从外场购入带菌鸡。引进种鸡时必须来自健康鸡群。

(2)免疫接种:使用副鸡嗜血杆菌菌苗预防该病,有一定效果。目前国内使用的多为含 A 型和 C 型副鸡嗜血杆菌的二价油乳剂灭活苗。由于副鸡嗜血杆菌各血清型之间不存在交叉免疫保护,同一血清型的不同亚型之间只有部分保护,故最好选用本场或本地区分离的菌株来做疫苗。

(3)治疗:鸡群中一旦发现病鸡,应及时隔离治疗。治愈康复的鸡应与健康鸡群分开饲养。发病的鸡舍要进行彻底消毒,方可引进新鸡饲养。治疗鸡传染性鼻炎以磺胺类药物的抑菌效果最好,但不能清除鸡体的带菌状态,停药后易复发。

十七、鸡葡萄球菌病

鸡葡萄球菌病是由金黄色葡萄球菌或其他葡萄球菌引起的一种急性或慢性、接触性、多型性传染病。最常见的感染部位是翅、腱鞘和腿部关节，还可发生于皮肤、气囊、卵黄囊、心脏、脊髓、眼睑等部位，并可引起肝脏和肺的肉芽肿。葡萄球菌性败血症还可造成产蛋鸡的急性死亡，死亡率和淘汰率增加。另外，由于葡萄球菌产生大量毒素，可引起人的食物中毒。

病原主要为金黄色葡萄球菌，是革兰阳性球菌，因常堆聚成葡萄串状而得名。

各种家禽不分品种、年龄、性别均易感，集约化养鸡场本病多见。肉鸡较多发，尤其是 30~80 日龄笼养鸡、网养鸡易发病。本病的诱发因素很多，常因禽痘、带翅号、禽痘疫苗、马立克疫苗的刺种、笼养的铁网、啄癖、脐带的胚胎感染，使皮肤黏膜及皮肤破损、外伤增多而感染，尤其是在鸡痘流行时更易发病。此外，饲养管理不善、笼具不整、过度拥挤、阴暗潮湿、过冷过热、通风不好、密度过大、饲料单一（维生素及矿物质不足等）、消毒不严格、滥用抗生素等引起菌群失调，以及免疫抑制性疾病的存在、黄曲霉素中毒等，都会促发本病。

（1）葡萄球菌败血症：病鸡特征性症状是胸腹部、大腿内侧皮下水肿，滞留血样渗出液，呈蓝绿色或紫色（图17-1）。部分病鸡下痢，排

图17-1　腹腔内脏出血、血样渗出

灰白色或绿色粪便。病鸡贫血，鸡冠苍白，胸翅腿部皮下有出血点或斑。剖检时皮肤、黏膜、浆膜、肌肉尤其是胸肌广泛出血，肝、脾、肺、肾脏肿大，并有白色化脓件或坏死点。腺胃乳头出血或有化脓、坏死。关节炎、关节周围炎和滑膜炎较常见，受侵害的关节肿大并充满炎性渗出物，严重的出现骨髓炎。

（2）浮肿性皮炎：40～60日龄的笼养肉鸡常发，胸腹部、翼尖皮下可见黑色、湿润的区域，有捻发音。病初皮下浆液性渗出，皮肤呈蓝紫或黑紫色，有明显波动感。皮肤坏死，羽毛易脱落，甚至皮肤破溃，流出紫红色或茶

绿色腥臭液体(图 17 - 2)。病程较长者可形成干痂。一般病鸡于上述症状出现后 2～3 天死亡。

图 17 - 2　翅膀皮下出现糜烂

(3)眼病型:病鸡上下眼睑肿胀,闭眼,有脓性分泌物,并见有肉芽肿。病久者眼球下陷,有时失明,有时见眶下窦肿胀、化脓,呈蓝绿色(图 17 - 3)。

图 17 - 3　眼部皮下水肿、化脓,鸡冠坏死

（4）关节炎、骨膜炎：病鸡足、趾、膝关节肿胀、发热、变形或有脓肿，不愿走动，跛行，关节内有渗出物（图17-4）。

（5）脐炎：雏鸡脐环闭合不全，腹部膨大，脐口恶臭发炎，下白痢。剖检时见卵黄囊较大，卵黄发暗变色等病变。

图17-4 关节肿胀

根据流行特点和临床表现可做出初步诊断。确诊须分离致病性金黄色葡萄球菌。

该病是一种环境疾病，预防主要是搞好鸡舍消毒工作，发病鸡群可使用抗生素治疗。由于葡萄球菌极易产生耐药性，最好事先进行药敏试验，注意科学用药。发病严重的地区或鸡场，可使用葡萄球菌自家疫苗预防免疫。

十八、禽霍乱

禽霍乱是由多杀性巴氏杆菌(PM)引起的一种接触性急性败血症。急性发病时表现为败血症,发病率和死亡率很高。慢性发病的特征为肉髯水肿及关节炎,死亡率较低。该病呈世界性分布,给养禽业造成了严重的经济损失。

各种家禽均对多杀性巴氏杆菌易感,鸡、鸭最易感。一般侵害4周龄以上的育成鸡和成年产蛋鸡,营养状况良好、高产鸡易发病。病鸡、康复鸡或健康带菌鸡是主要传染源,慢性病鸡或引进带菌鸡往往造成复发,新鸡群暴发本病。病菌主要通过消化道传播,还可通过呼吸道、皮肤黏膜及伤口传染。吸血昆虫、苍蝇、猫等也可成为传播媒介。

(1)最急性型:病初常不见任何临床症状突然死亡。

(2)急性型:在流行过程中最常见。病鸡精神沉郁、呆立、缩颈闭眼或头藏翅下,羽毛松乱,口中流浆液性或黏性液体,鸡冠、肉垂发绀而呈黑紫色(图18-1)。病鸡下痢,常有剧烈腹泻,排出黄色、灰白色或淡绿色稀粪。体温高达44℃。病程短,1~2天死亡。

图18-1 鸡冠发绀

(3)慢性型:在流行后期或本病常发地区可以见到,有的是由急性病例转为慢性。病变常局限于某一部位,如一侧或两侧肉髯肿大,有的有结膜炎或鼻炎。产蛋母鸡卵巢常发生感染,成熟卵泡表面血管模糊不清。慢性病鸡可拖延几周才死亡,或成为带菌者。

剖检最急性死亡鸡,看不到明显的病变。急性病例可见腹膜、皮下组织和腹部脂肪有小出血点;胸腔、腹腔、气囊和肠浆膜上常见纤维素性或干酪样灰白色的渗出物;小肠前段尤以十二指肠呈急性卡他性炎症或急性出血性卡他性炎症,肠内容物中含有血液(图18-2)。

肝脏的变化具有特征性,肿大,色泽变淡,被膜下和肝实质中弥漫性散布有许多灰白色、针尖大小的坏死点(图18-3)。心外膜上有出血点或出血斑,在心冠状沟脂肪上出血点尤为明显(图18-4)。心包炎,心包内积有多量淡黄色液体,偶尔有纤维素凝块。肺充血,表面有出血点。慢性型常表现为冠、髯苍白,有的发生水肿、变硬或出现干酪样变。关节发炎、肿大,跛行,切开肿大的关节时见有干酪样物。少数病例可见鼻窦炎。有的病鸡出现长期拉稀。产蛋鸡可见卵巢出血,卵黄破裂,腹腔内脏表面附着卵黄样物质。

图18-2 肠道出血

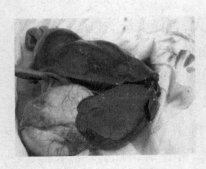

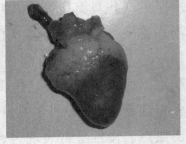

图18-3 肝脏肿大,有针尖大　　图18-4 心冠脂肪有出血点
白色坏死点

　　根据流行特点、症状和病变可做出初步诊断,确诊进行实验室检验。

　　加强饲养管理。疫苗免疫的效果不好,免疫期不长,反应性较大。鸡群发病立即治疗,有条件的通过药敏试验选择有效药物,全群给药。磺胺类药物、氯霉素、红霉素、庆大霉素、氟哌酸、喹乙醇等均有较好的疗效。

十九、坏死性肠炎

坏死性肠炎是 A 型或 C 型产气荚膜梭菌在鸡的肠道内大量繁殖而产生大量毒素,所引起的一种非接触性传染病。

鸡肠道本身就有魏氏梭菌,当鸡体受到各种应激因素(如球虫的感染,饲料中蛋白质含量的增加,肠黏膜损伤,口服抗生素)和污染环境中魏氏梭菌增多时,发生本病。2~3周龄到4~5月龄的青年鸡多发病,直接接触传播。

本病多为散发性,发病迅速。急性病雏常无明显症状而突然死亡。病鸡精神状态差,羽毛逆立,粗乱无光泽;食欲减少或废绝,从口中流出饲料或水样物;粪便稀呈暗黑色,混有血液。剖检病变常局限于小肠,以空肠和回肠多见,偶尔可见到盲肠病变。小肠脆、易碎,充满气体(图19-1)。肠黏膜弥漫性出血或严重坏死,覆盖一层黄色或绿色假膜,易剥落(图19-2、图19-3)。

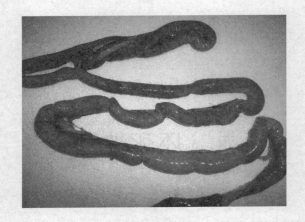

图 19 - 1　肠道臌气

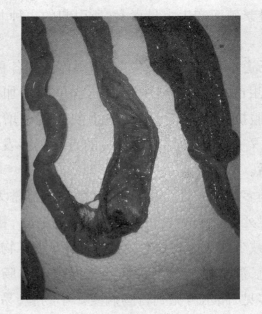

图 19 - 2　肠黏膜表面有黄色假膜

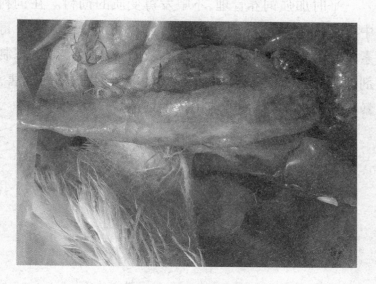

图 19 - 3　肠黏膜出血

依据典型的剖检病变和分离到产气荚膜梭菌,即可做出诊断。鸡场病例,用血液琼脂平板 37℃ 厌氧过夜,易从肠内容物、肠壁刮取物或出血性淋巴结中分离出产气荚膜梭菌。

注意本病与溃疡性肠炎和球虫感染的鉴别。溃疡性肠炎特征性病变为,小肠远端及盲肠上有许多坏死灶,肝脏也有坏死灶。坏死性肠炎的病变仅局限于空肠和回肠,而盲肠和肝脏几乎没有病变。布氏艾美尔球虫感染引起的剖检病变与该病相似,但是镜检粪便涂片和肠黏膜触片即可见球虫卵囊。临床常见坏死性肠炎和球虫病同时感染的病例,应注意综合诊断。

平时加强饲养管理,不喂发霉变质的饲料。在饲料中添加抗生素如杆菌肽、林可霉素、青霉素、氨苄青霉素、奥沃霉素、双呋米腙等,能有效防治本病。微生态制剂如乳酸杆菌、粪链球菌,可减轻坏死性肠炎的危害。暴发坏死性肠炎后,可选用抗生素治疗。

二十、禽曲霉菌病

禽曲霉菌病是曲霉菌引起的疾病。特征是在家禽的肺和气囊形成广泛性炎症和小结节,故又称禽曲霉菌性肺炎。

曲霉菌分布广泛,常见于腐烂植物、土壤以及谷粒饲料中。引起禽曲霉菌病的两个主要病原为曲霉菌属中的烟曲霉和黄曲霉,以烟曲霉最常见,致病力最强。曲霉菌类能产生毒素,使禽类致病的为黄曲霉毒素、褐黄曲霉毒素和镰刀菌毒素。禽类对曲霉菌毒素非常敏感。黄曲霉产生的毒素能引起组织坏死,有较强的致癌作用,常引起肝脏、肺的癌变。

在自然条件下,鸡、鸭、鹅、火鸡、鹌鹑均可感染曲霉菌病。4~20日龄雏鸡易感性高,随着日龄的增加抵抗力也增加,成年禽类仅为散发。本病的主要传播媒介是被曲霉菌污染的垫料和发霉的饲料。曲霉菌病的传播途径是经鸡的呼吸道和消化道。孵化环境受到严重污染时,曲霉菌孢子穿过蛋壳侵入蛋内,胚胎感染死亡,或雏鸡出壳后几天内出现症状死亡。出壳的雏鸡也可在孵化环境中经呼吸道感染而发病,日龄越小,病死率越高。

雏鸡感染后呈急性经过,常无明显的症状而突然死亡。病程稍长的鸡则表现精神不振,食欲减少或拒食,渴欲增加,对外界反应淡漠,嗜睡,逐渐消瘦。随后出现呼吸困难,头颈前伸,张口吸气,细听可闻气管啰音。冠和肉髯颜色发紫。个别病雏出现神经症状,头向后仰,运动失调。病程长短不等,急性病例的死亡率达50%～100%。成年鸡感染多呈慢性经过,死亡率较低。产蛋鸡表现为产蛋减少或停止,病程可延至数月。

禽曲霉菌病的病变主要在呼吸系统,病禽气管中有黏液脓性分泌物和干酪物充塞。整个肺组织中散布有粟粒大至豆粒大、灰白色或黄白色结节(图20-1)。肺有多个结节时质地变硬、弹性消失,时间较长时形成钙化结节。气囊膜上可形成点状或局部混浊,呈云雾状;以后变为圆形突起的灰白色结节,形状和大小不一。严重者整个气囊壁增厚,气囊内有灰白色或黄白色炎症渗出物,形成干酪样物。少数病例心包及心肌有灰白色结节样坏死灶。肝、肾肿大,表面有灰白色坏死灶和结节(图20-2)。有些病例由于毒素的作用,肝有不同大小的土黄色坏死灶,在腺胃和肠浆膜上有灰白色结节或坏死区。

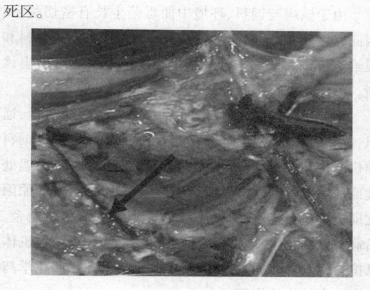

图 20 - 1　肺、气囊有黄白色结节

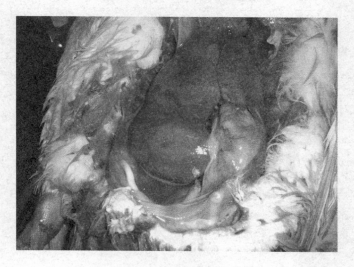

图 20 - 2　肝脏肿大

由于该病与饲料、环境中曲霉菌生长有密切关系，因此，最好到现场调查、察看，了解有无接触发霉垫料和喂给霉败饲料。结合流行特点和病变，一般可做出诊断。确诊须进行病原分离鉴定。

不使用发霉的垫料和饲料。注意鸡舍的消毒、通风，垫料要经常更换，防止曲霉菌污染环境。每批饲料随机取样，测定饲料中的含曲霉菌数，超标时要高温处理或经加工调制后再投喂。确诊该病后，针对发病原因立即更换垫料或停喂、更换霉变饲料，清扫和消毒鸡舍。给病鸡饮用抗生素和多维素，防止并发感染，增强机体抵抗力，促进病鸡的尽快恢复。制霉菌素和一些化学药物有一定的防治作用。

二十一、鸡球虫病

鸡球虫病是球虫寄生于鸡的肠黏膜上皮细胞而引起的一种急性流行性原虫病,临床常见且危害严重。

病原为原虫中的艾美耳科艾美耳属球虫,鸡球虫共有 13 种,我国已发现 9 种。不同种的球虫,在鸡肠道内寄生的部位不一样,致病力也不相同。柔嫩艾美耳球虫寄生于盲肠,致病力最强。

鸡是球虫感染的唯一天然宿主。各品种鸡均易感,15～50 日龄鸡发病率和致死率较高,成年鸡对球虫有一定的抵抗力。病鸡是主要传染源,凡被带虫鸡污染过的饲料、饮水、土壤和用具等都有卵囊存在。人及其衣服、用具、某些昆虫都能传播球虫。鸡感染球虫的途径主要是吃了感染性卵囊。饲养管理条件不良,鸡舍潮湿、卫生条件恶劣时最易发病,迅速波及全群。球虫虫卵对恶劣环境条件和消毒剂均具有一定的抵抗力,不容易破坏。

1.急性球虫病

(1)急性盲肠球虫病:病原体为柔嫩艾美耳球虫,寄生于盲肠和直肠黏膜,潜伏期 4~5 天。鸡发病时排出大量新鲜血便,持续 2~3 天,第 7 天起多数鸡停止血便。血便发生后 1~2 天,鸡开始死亡。剖检病死鸡可见盲肠肿胀,充满大量血液(图 21-1),或盲肠内凝血并充满干酪样物质。病程长者,盲肠显著萎缩,长度只有正常的 1/2,内容物极少,呈粉红色。

图 21-1 盲肠肿胀,充满大量血液

（2）急性小肠球虫病：病原体为毒害艾美耳球虫。主要在小肠中段感染，在小肠进行无性生殖，在盲肠内进行有性生殖。潜伏期为 4~5 天，鸡突然排泄大量的带

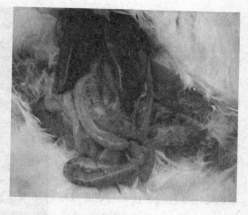

图21-2　肠道黏膜有出血点

黏液血便，呈红黑色。临床表现与急性盲肠球虫病相似，但死亡率高，恢复较慢。剖检变化可见小肠黏膜上有无数粟粒大的出血点和灰白色坏死灶（图 21-2）。小肠内大量出血，有大量干酪样物质。小肠长度缩短为正常的1/2，而粗细增大至原来的 2 倍以上。盲肠、直肠无病变，有时盲肠内充满血液，是小肠出血进入了盲肠。

2. 慢性球虫病

由柔嫩艾美耳球虫和毒害艾美耳球虫以外的其他种类引起，尤其是堆型和巨型艾美耳球虫。巨型艾美耳球虫损害小肠中段，可使肠管扩张（图 21-3），肠壁增厚；内容物黏稠，呈淡灰色、淡褐色或淡红色。堆型艾美耳球虫多在上皮表层发育，并且同一发育阶段的虫体常

聚集在一起,在被损害的肠段出现大量淡白色斑点。哈氏艾美耳球虫损害小肠前段,肠壁上出现针头大小的出血点,黏膜有严重的出血。若为多种球虫混合感染,则肠管粗大,肠黏膜上有大量出血点,肠管中充满紫黑色血液。

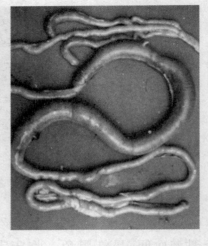

图21-3 小肠肠管扩张,呈气球样病变

由于鸡的带虫现象极为普遍,因此,是不是由球虫引起的发病和死亡,应根据临床症状、流行特点、病理剖检情况和病原检查结果进行综合判断。用饱和盐水漂浮法或粪便涂片查到球虫卵囊(图21-4),取肠黏膜触片或刮取肠黏膜涂片查到裂殖体或配子体(图21-5、图21-6),均可确诊为球虫感染。

保持鸡舍干燥、通风和鸡场卫生,定期清除粪便,堆放发酵以杀灭卵囊。世界上已注册的球虫疫苗有4种,应使用多价疫苗,以获得全面的保护。药物防治球虫病行之有效,不少国家把抗虫药物作为饲料添加剂使用。建议交替使用不同的药物,以减少抗药性。

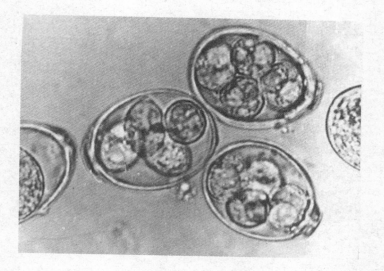

图 21 - 4　球虫卵囊

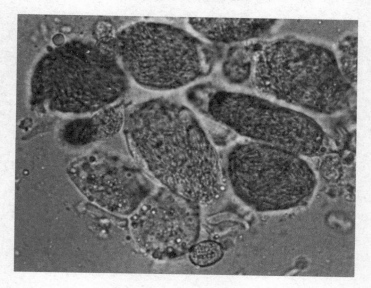

图 21 - 5　小肠刮片裂殖体

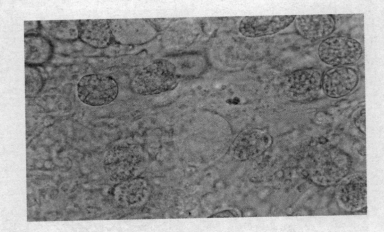

图 21 - 6 配子体

二十二、组织滴虫病

组织滴虫病又名盲肠肝炎或黑头病,是由组织滴虫属的火鸡组织滴虫寄生于禽类的盲肠和肝引起的一种急性原虫病。火鸡和雏鸡多发,导致盲肠炎以及肝脏的特征性坏死灶。

组织滴虫属鞭毛虫纲、单鞭毛科。

本病以2周龄到4月龄的鸡最易感。病鸡排出的粪便污染饲料、饮水、用具和土壤,通过消化道而感染。当滴虫在盲肠黏膜内大量繁殖,引起发炎、出血、坏死,可涉及肌肉和浆膜,最终使整个盲肠都受到严重损伤。在肠壁寄生的组织滴虫也可进入毛细血管,随门静脉血流进入肝脏,破坏肝细胞,导致肝组织坏死。

本病的潜伏期为几天或2~3周。病鸡下痢,逐渐消瘦,鸡冠、嘴角、喙、皮肤呈黄色,排黄色或淡绿色粪便,急性感染时可排血便。部分鸡冠、肉髯发绀,呈暗黑色,因而有"黑头病"之称。病愈康复鸡带虫可达数周,甚至数月。

　　本病特征性病变在盲肠和肝脏,其他器官无病变。盲肠肿大,黏膜出血,肠腔内积有渗出的浆液和血液。盲肠壁增厚变硬,黏膜坏死,失去伸缩性。肠腔内充满大量干燥、坚硬、干酪样凝栓,形似香肠,凝栓粘附有血液及坏死、剥落的黏膜(图22-1)。如将肠管横切,可见同心圆层状干酪样凝固物,中心为暗红色的凝血块,外围是淡黄色干酪化的渗出物和坏死物(图22-2)。有时伴发腹膜炎,盲肠与腹膜或小肠粘连。肝脏大小正常或明显肿大,紫褐色。在肝被膜面布满圆形或不规则形、中央稍凹陷、边缘稍隆起、黄绿色或黄白色的坏死灶,如菊花状或纽扣状。坏死灶的大小不一,中央色较深,呈红褐色或暗红色;周边颜色较淡,呈黄色圆环状。

图22-1　盲肠肿大

有些病例的肝脏有散在小坏死灶,使肝脏外观呈斑驳状。若坏死灶互相融合,则可形成大片融合性坏死灶(图22-3)。

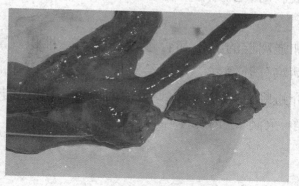

图22-2　盲肠内充满干酪样渗出物

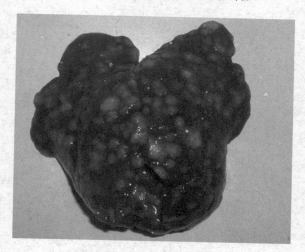

图22-3　肝脏表面布满圆形或不规则形、中央稍凹陷、边缘隆起、黄褐色的坏死灶

根据组织滴虫病的特异性肉眼病变和临床症状便可诊断。并发球虫病、沙门菌病、曲霉菌病或上消化道毛滴虫病时，必须用实验室方法检查出病原体，方可确诊。

　　加强鸡群的卫生和管理，及时清粪，堆积发酵。成鸡与幼鸡分开饲养。定期给鸡驱除异刺线虫。消灭传播媒介蚯蚓。隔离病鸡，鸡舍地面消毒。治疗可用复方敌菌净、灭滴灵、丙硫咪唑等。

二十三、绦虫病

绦虫种类繁多、分布广泛,寄生于家畜、禽及人体的绦虫属于扁形动物门绦虫纲,只有圆叶目和假叶目绦虫对家畜及人体具有感染性。寄生于禽肠道的绦虫多达40余种,最常见的是戴文科赖利属、戴文属、膜壳科剑带属绦虫,均寄生于禽类的小肠,主要是十二指肠。

成虫寄生于家禽的小肠内,成熟的孕卵节片自动脱落,随粪便排到外界,被适宜的中间宿主吞食后,经 2 ~ 3 周发育为具感染能力的似囊尾蚴。禽吃了这种带有似囊尾蚴的中间宿主而受感染,在禽小肠内经 2 ~ 3 周即发育为成虫。成熟孕节不断地自动脱落并随粪便排到外界。

家禽的绦虫病分布广泛、危害大,感染多发生在中间宿主活跃的 4 ~ 9 月份。各种年龄的家禽均可感染,但以雏禽更易感。25 ~ 40 日龄的雏禽发病率和死亡率最高,成年禽多为带虫者。

患鸡精神沉郁,羽毛逆立,渴欲增加;粪便稀薄或混有血样黏液;鸡冠、面部及腿部皮肤苍白(图23-1),贫血症状明显;消瘦,生长缓慢,最后衰弱死亡。产蛋鸡表现为产蛋率下降,但无畸形蛋、薄壳蛋、砂壳蛋和褪色蛋出现。肉鸡亦出现排血便症状,但不易发现,易与球虫病和肠毒综合征混淆,整体鸡群表现料肉比下降。

图23-1　鸡冠苍白

解剖病鸡,肌肉苍白或黄疸;肝脏土黄色,边缘偶见坏死区域;卵泡正常或少量充血,但输卵管内多数有硬壳蛋;肠道内壁有假膜覆盖,易刮落;空肠及回肠内有胡萝卜样分泌物并有恶臭(图23-2)。部分死亡鸡肠道稀薄,肠黏膜脱落明显,从肠道外侧可以看到肠道内未消化的饲料,黏膜发白、黄染。小肠壁上出现结核样结节并凹陷,内有虫体节片及黄褐色凝乳栓塞物(图23-3),个别病例可见较大疣状溃疡。严重感染时,个别部位绦虫堆聚成团,堵住肠管,直肠有血便。

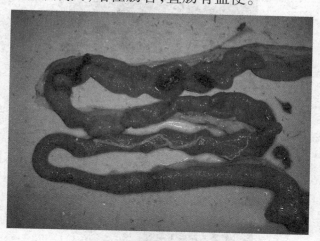

图23-2　肠道内有胡萝卜样分泌物、假膜和绦虫

在粪便中可找到白色米粒样的孕卵节片。在夏季气温高时,可见节片向粪便周围蠕动,镜检可发现大量虫卵。对部分重病鸡可进行剖检诊断。

预防本病最主要的是搞好粪便清理及环境卫生;切断传播途径,消灭中间宿主(昆虫、甲壳动物等)接触的机会;幼龄鸡与成年鸡要分开饲养;在每年的仲夏进行定期驱虫。吡喹酮是本病的首选药物,槟榔等中药也有较好的效果。

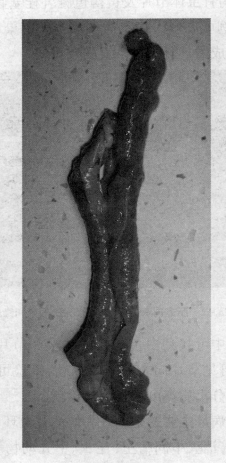

图 23 - 3　肠道内的绦虫

二十四、鸡蛔虫病

鸡蛔虫病遍及全国各地,在地面大群鸡饲养的情况下常感染严重,影响雏鸡的生长发育,甚至造成大批死亡,严重影响养鸡业的发展。

雄虫交配后死亡。受精后的雌虫在鸡小肠内产卵,卵随鸡粪排到体外。虫卵在适宜的温度和湿度下,经 1~2 周发育为含感染性幼虫的虫卵(即感染性虫卵),在土壤内 6 个月仍具感染能力。鸡因吞食了含感染性虫卵的饲料或饮水而感染。幼虫在鸡胃内脱掉卵壳进入小肠,钻入肠黏膜内,经一段时间发育后返回肠腔,发育为成虫。从鸡吃入感染性虫卵到在鸡小肠内发育为成虫,需 35~50 天。除小肠外,在鸡的腺胃和肌胃内也有大量虫体寄生。3~4 月龄雏鸡最易感染和发病,1 岁以上的鸡为带虫者。

虫卵对外界环境因素和常用消毒药物的抵抗力很强,在严寒冬季经 3 个月的冻结仍能存活,对干燥和高温敏感,在干燥、高温和粪便堆沤等情况下很快死亡。

雏鸡感染的症状明显,表现为精神沉郁,羽毛松乱,行动迟缓,食欲不振,生长发育不良,下痢,有时粪中混有带血黏液,消瘦、贫血,黏膜和鸡冠苍白,最终可因衰弱而死亡。严重感染者可造成肠堵塞而死亡。成年鸡多属于轻度感染,一般不表现症状,严重时表现下痢、产蛋率下降和贫血等。

当幼虫钻入肠黏膜时,损伤肠绒毛,引起肠黏膜出血,产生结节和炎症,使消化功能发生障碍,肠壁细胞增生。成虫寄生于肠管内,排泄物含有毒素,能引起慢性中毒,最终导致幼鸡生长滞缓,母鸡产蛋率下降。成虫寄生数量多时引起肠管阻塞,甚至破裂而死亡。

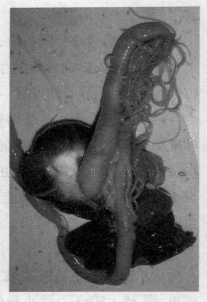

图24-1　肠道中的蛔虫

流行特点和临床症状可作参考,饱和盐水漂浮法检查粪便发现大量虫卵,尸体剖检在小肠或腺胃、肌胃内发现有大量虫体,即可确诊(图24-1、图24-2)。

图 24 - 2　肠道中的蛔虫

（1）消灭中间宿主。为防止中间宿主蚂蚁、甲虫、蝇类和陆地螺的孳生，除采用药物驱杀外，应经常打扫鸡舍，不要在鸡舍附近堆积垃圾、碎石和枯木。

（2）幼鸡和成年鸡分开饲养。加强饲养，饲喂全价饲料，在饲料中添加足量的维生素 A 和维生素 B，注意饮水卫生。成年鸡多为带虫者，容易污染环境，造成对幼鸡的感染。

（3）定期检查鸡群，治疗病鸡。在不安全的鸡场，产蛋前一个月应进行驱虫。幼鸡和母鸡在同一场地饲养时，全部进行驱虫。

（4）治疗可选用阿苯咪唑、丙氧咪唑、左咪唑、甲苯咪唑、噻咪唑、哌嗪、苯硫咪唑、四咪唑等药物。

痛　　　风

痛风是尿酸盐沉积于内脏器官或关节腔而形成的一种代谢性疾病。该病主要发生于鸡，尤其是肉仔鸡和笼养鸡多发。有的鸡群发病率高达40%，死亡率很高。水禽与火鸡亦会发病。

病因：饲料中核蛋白与嘌呤碱原料过多，饲料中钙过剩或草酸过高，维生素 A 缺乏，饮水不足；中毒性因素（如磺胺类与氨基糖苷类抗菌药物中毒、真菌毒素中毒）；传染病因素（如传染性支气管炎、传染性法氏囊炎、传染性肾炎、沙门菌病、大肠杆菌病、球虫病等常可诱发痛风）；环境因素（如鸡舍环境恶劣、氨气浓度长期过高、潮湿、运动不足）。

根据尿酸盐在体内沉积的部位不同，临床上分为内脏型痛风与关节型痛风，二者可同时发生。

（1）内脏型痛风：多呈慢性经过，可死亡。病鸡常表现为冠髯苍白（个别有轻度紫绀），呼吸困难，呆立厌动,消瘦、贫血明显;粪便稀薄发白,呈石灰渣样;关节肿大,关节腔内有白色尿酸盐沉积(图 25－1);肛门羽毛污染较重,有的自啄羽毛;个别抽搐明显,几天后死亡。剖检可见体腔浆膜面有广泛的尿酸盐沉积,呈灰色粉末状(图 25－2);心、肝、脾及其他内脏器官表面有一层白膜,心包常和心外膜粘连,时有沉积物,肝胃粘连成一团(图 25－3、图 25－4)。肾明显肿大,颜色浅淡,切面有灰白色尿酸颗粒(肾小管内充满尿酸盐所致),红白相间,呈花斑状(图 25－5)。输尿管肿胀,内有尿酸盐大量沉积,呈糜烂状或颗粒状。严重者尿酸盐把输尿管阻塞或形成结石,呈圆柱状。肾脏中尿结石呈珊瑚状,灰白色,质地坚硬。

图 25－1　病鸡关节肿大,关节腔内有白色尿酸盐沉积

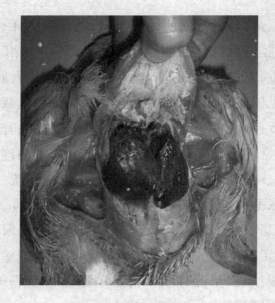

图 25 - 2　体腔浆膜表面有大量石灰渣样尿酸盐沉积

图 25 - 3　心包膜表面有大量白色尿酸盐沉积

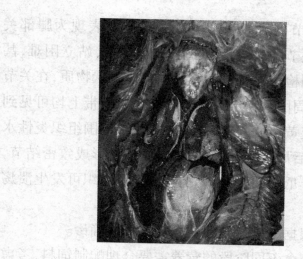

图 25 - 4　心、气囊、腹膜表面有大量白色尿酸盐沉积

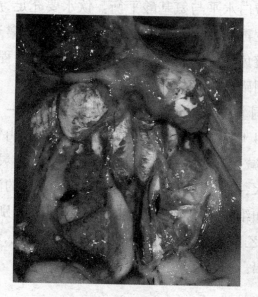

图 25 - 5　肾脏肿大，有尿酸盐沉积，呈花斑状

（2）关节型痛风：较少见，病鸡主要表现为腿部关节和趾爪关节肿大，行动迟缓，跛行严重，站立困难，甚至瘫痪。剖检可见关节内充满白色黏稠状物质，在关节软骨表面、周围结缔组织、滑膜、腱鞘和韧带上均可见到灰白色或灰黄色尿酸粉末或颗粒沉积，周围组织炎性水肿；慢性化后周围结缔组织增生，瘢痕化形成致密结节，使关节和趾爪僵硬变形，个别关节周围组织可发生溃疡和坏死。

主要根据临床症状和剖检变化进行确诊。

根据家禽不同阶段的营养需要合理配制饲料，考虑可消化蛋白水平与氨基酸平衡。饮水要充足，严禁饲料霉变产生毒素，维生素添加要充分。平养家禽适量增加运动。避免滥用药物，鸡群发病要按量和疗程投药，尤其是使用磺胺类药物时更要慎重。

在饲粮中添加氯化铵、硫酸铵、DL－蛋氨酸、2－羟－4甲基丁酸，都能使尿液酸化，减少由钙诱发的肾损伤，减少死亡率。用肾肿解毒药或肾肿灵、肾宝等药物饮水，每天 8～12 小时，有助于尿酸盐的溶解与排泄。添加维生素 A 或鱼肝油，多饮水，配以别嘌呤醇、利尿药、乙酰水杨酸钠等，可抑制尿酸的形成，增加尿酸盐的排出。

二十六、肉鸡腹水综合征

肉鸡腹水综合征又称腹水征(AS),是以明显的腹水与心、肺、肝脏功能衰竭为特征的一种非传染性疾病。曾一度认为与高海拔饲养环境有关,所以过去又被称为"高海拔病"。近年来,一些低海拔的地区亦有此病发生。本病主要侵害肉鸡,肉鸭、火鸡、蛋鸡及观赏鸟类亦有报道。在寒冷季节鸡群死亡率明显增加,甚至高达35%,严重影响肉鸡产业的发展。

病因:肉鸡腹水症多发于4周龄以后,死亡高峰见于5~7周龄。公鸡约占患病鸡的70%。

(1)遗传因素:当今世界肉鸡的育种方向是向快大型发展,但肉鸡的心肺功能并未改善,以至于在快速生长期不能很好地适应本身代谢需求,潜伏着一种心—肺衰竭的发病倾向。

(2)营养因素:采食颗粒料的鸡发病率高于采食粉

料的鸡,高能饲料也能导致腹水综合征。

（3）环境因素：本病多发生于气候寒冷的冬春季节。气候寒冷,一方面鸡体代谢率升高,采食量和耗氧量增加；另一方面通风不良和燃煤取暖,也增加了耗氧量,造成小环境缺氧；若饲养密度过大,平均供氧量降低,也会导致氧气缺少,诱发腹水症。

（4）孵化条件：孵化期间高温高湿、通风不良,可引起雏鸡早期腹水症。

（5）疾病因素：肉鸡患有些传染病时呼吸困难,会造成机体慢性缺氧、心力衰竭而发生腹水；呋喃唑酮、莫能霉素、真菌毒素、食盐、马杜拉霉素等中毒病伴有不同程度的腹水,维生素 E、硒的缺乏也可引发腹水症。

大多数病鸡表现生长迟缓、精神沉郁、羽毛蓬乱、垂翅闭目,食欲不振或废绝。个别可见下痢,排黄白色或灰白色稀粪,张口喘气,呼吸加快而困难,跗关节肿大,行走蹒跚。病鸡冠和髯发绀或苍白,日渐消瘦。腹部膨大下垂,触之有波动感（图 26 - 1）,腹腔穿刺流出透明清亮的淡黄色液体（图 26 - 2）。病鸡站立呈企鹅状,腹水发展很快,常于腹水出现后 1 ~ 3 天内死亡。有些病鸡可在无任何先兆的情况下突然死亡。

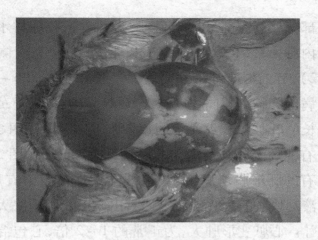

图 26-1　病鸡腹部膨大，触之有波动感

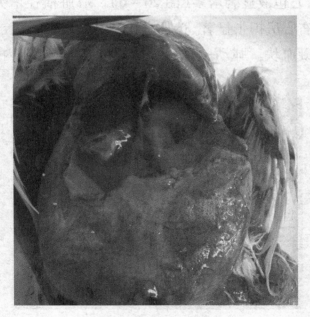

图 26-2　腹腔中充满清亮的黄色液体

　　部分死鸡腹部呈蓝褐色,胸腹腔皮下胶冻样水肿,腹腔内有大量(100～500毫升以上)黄色清亮液体(图26－2),有的混有纤维素凝块而呈胶冻样(图26－3)。多数病例肝脏呈不同程度肿大,质脆易碎,多为土黄色。病程长的肝脏体积缩小,质地较硬,边缘钝圆(图26－4)。有的病例肝脏表面附有一层灰白渗出物(图26－5)。有的肝被膜增厚,淡黄色纤维素性被膜下有局灶性血液凝块。病程短的肝表面有出血点。胆囊胀大,充满胆汁。心脏变形肿大,为正常的1～2倍,心包混浊、增厚,心包液显著增多(图26－6)。心脏横径增大,尤其是右心房扩张显著,心肌瘫软、变薄、发白,心腔积有大量凝血块。肺动脉和主动脉极度扩张,管腔内充满血液。

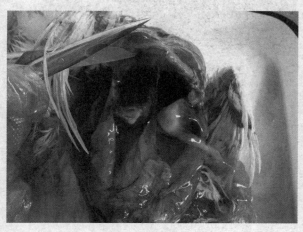

图26－3　腹腔中有黄色胶冻状纤维蛋白凝块

图 26 – 4　肝脏肿大、质地变硬

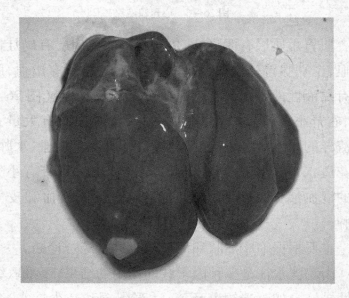

图 26 – 5　肝脏被膜上有纤维素性渗出物

图 26-6　心包积液

肌胃角质层有溃疡灶,角质膜下的肌肉层有局灶性充血,个别腺胃稍肥厚,乳头稍肿,十二指肠有出血,肠内有黏液性内容物。肾脏充血肿大、色泽变淡(图 26-7),右肾小管、输尿管、泄殖腔内及肾脏表面有大量石灰渣样的尿酸盐沉积。脾脏肿胀;肺脏严重淤血、水肿,呈花斑状,间质有灰白色条纹,切面流出大量带有小气泡的混血液体。胸肌、腿肌有不同程度的淤血和皮下水肿。

主要根据临床症状和病理变化进行综合诊断。

肉鸡腹水征是多种因子共同作用的结果,要采取综合性措施。如改善饲养环境,适当限饲和减少饮水,合理搭配饲料,抑制肠道中氨的水平,孵化补氧,防止继发感染。饲料中添加诺氟沙星,防止继发感染,连用 3 天。

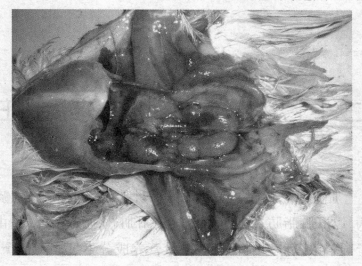

图 26 - 7　肾脏肿大、色淡

二十七、脂肪肝(出血)综合征

脂肪肝(出血)综合征是一种脂肪代谢障碍性疾病,以肝脏脂肪过度沉积或伴有肝脏出血为特征,是由于饲料中营养过剩而某些微量营养成分不足或不平衡,鸡体内代谢机能紊乱引起的。以肝脏发生脂肪变性出血而急性死亡为特征。该病主要发生于笼养产蛋鸡,尤其是在炎热的夏季。

(1)饲喂高能(玉米、麸皮等)、低蛋白日粮或能量利用减少,造成高能饲料含糖丰富,加速了肝脏脂肪的合成。肝内脂肪只有与蛋白质结合形成脂蛋白,才能从肝内移出。此时若日粮中缺乏蛋白质,将不能合成足够的脂蛋白来转运肝脏中的脂肪,则过多的脂肪会沉积于肝内。

(2)饲料中脂肪(动物油脂、油渣)含量过多,可使脂肪沉积于肝脏而发病,且病情严重。

（3）与某些亲脂肪性因子、蛋氨酸、叶酸、胆碱、生物素、维生素 B_{12}、维生素 C、维生素 E 等营养素缺乏密切相关。

（4）病鸡血液中儿茶酚胺、肾上腺素和去甲肾上腺素含量降低，阻碍了脂肪的利用。

（5）鸡在产蛋高峰期即处于高度应激状态，舍温过高、饮水不足、光照过少、更换饲料、通风不良、受惊等应激因素均可使代谢加快，失去平衡，引起脂肪含量过高。

（6）饲料中真菌毒素（黄曲霉毒素、红青霉毒素等）可致肝机能损伤，油菜籽制品中的芥子酸也可引起肝脏变性，促使本病发生。

（7）笼养鸡活动空间缺少，运动不足，能量消耗少，使脂肪过度沉积。

（8）饲料中缺硒，硒对脂蛋白的合成和转变有重要作用。

笼养鸡较平养鸡多发，而且发病急速，往往发现时鸡已死亡。发病初期鸡群精神正常，饮水、采食未见明显的变化，但鸡的死亡率突然增高。本病发生时常出现产蛋率突然下降，甚至停产，或达不到应有的产蛋高峰，破蛋稍增加。个别病鸡突然死亡。发病率在 5% 左右，严重的可达 30%。鸡体重多数过肥，腹部膨大柔软、下垂。冠与肉髯苍白贫血(图27-1),覆有皮屑。急性死亡时,鸡头部、冠、肉髯和肌肉苍白;体腔内有大量血凝块,部分包着肝脏(图27-2、图27-3);肝脏明显肿大,色泽变黄,质脆弱易碎,有油腻感,有条破裂区域和小出血点(图27-4)。肝被膜下及肝周腹腔中积聚血凝块,充满腹腔;腹腔、内脏表面、皮下、骨盆腔及输卵管周围均积有大量脂肪,肌胃、腺胃周围也包裹着厚脂肪,肌胃明显小;产蛋高峰的鸡只死亡,剖检在输卵管内可见正在发育的蛋,其他内脏器官未见明显的病变。

主要根据临床症状和病理变化进行综合诊断。

图27-1 鸡冠、肉髯苍白

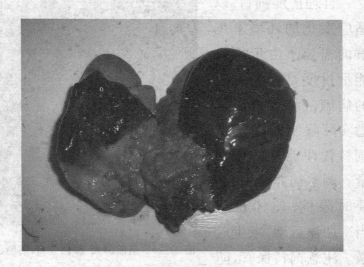

图 27 - 2　肝脏表面有凝血块

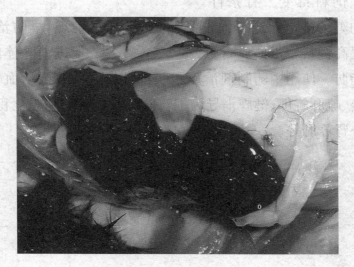

图 27 - 3　病鸡体内有凝血块

合理搭配饲料,以适应变化的环境下鸡群的需要。由于摄入能量过度是一个重要的病因,因此,可以考虑实际限制(或)降低饲料代谢能量的添加量。调整饲养管理,必要时限饲,使体重适当。加强运动,减少应激。注意饲料保管,防止饲料霉变。有条件

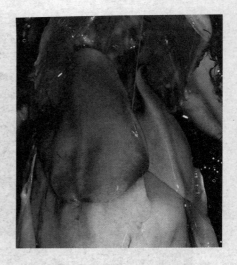

图 27-4　肝脏肿大、颜色变黄、质脆、出血

的鸡场可定期进行血清学测定,做到早发现、早防治。提高饲料中蛋白质含量,减少热能水平,促进消除体内脂肪。使用中药制剂治疗脂肪肝,以化痰祛湿、活血化瘀、疏肝解郁、健脾消导为主,辅以清热解毒、利胆化积、补肾养肝等。

图书在版编目（CIP）数据

鸡常见病诊疗/张秀美主编. —济南:山东科学技术
出版社,2016（2016.重印）
科技惠农一号工程
ISBN 978 - 7 - 5331 - 8075 - 1

Ⅰ.①鸡… Ⅱ.①张… Ⅲ.①鸡病—诊疗 Ⅳ.①S858.31

中国版本图书馆 CIP 数据核字(2015)第 312880 号

科技惠农一号工程

现代农业关键创新技术丛书

鸡常见病诊疗

张秀美　主编

主管单位:山东出版传媒股份有限公司
出　版　者:山东科学技术出版社
　　　　　　地址:济南市玉函路 16 号
　　　　　　邮编:250002　电话:(0531)82098088
　　　　　　网址:www. lkj. com. cn
　　　　　　电子邮件:sdkj@ sdpress. com. cn
发　行　者:山东科学技术出版社
　　　　　　地址:济南市玉函路 16 号
　　　　　　邮编:250002　电话:(0531)82098071
印　刷　者:山东金坐标印务有限公司
　　　　　　地址:莱芜市嬴牟西大街 28 号
　　　　　　邮编:271100　电话:(0634)6276023

开本:850mm×1168mm　1/32
印张:4.75
版次:2016 年 1 月第 1 版　2016 年 8 月第 2 次印刷

ISBN 978 - 7 - 5331 - 8075 - 1
定价:16.00 元